銀座　小十の盛り付けの美学：徹底図解　進化する日本料理とは何か

銀座 小十 日本料理擺盤美學

從食材搭配、烹調手法、器皿挑選，
解析星級餐廳 銀座小十 的料理設計

奧田透——作
周雨枏——譯

何かを変える

求變

在即將迎接五十歲之際，我深切地感受到，這是我目前最大的課題。這並不代表至今我沒有改變任何東西。我認爲我一直以來都以自己的方式，一點一點地，用自己的節奏去尋求進化和改變。

那麼，現在我應該要改變什麼呢？與日本料理的進步和變化相契合的新形式究竟是什麼呢？是口味、食材的選擇、烹調方法、風格還是設計？包括器皿在內，日本料理當中包含了各式各樣的要素。

答案是「一切」。

到底應該從何變起？是否一切都能夠改變？每一天，我都在問自己這些沒有解答的難題。這是因爲我覺得進入五十歲的十年，是我做爲廚師一生中最重要的時期，也是我能發揮自己本領的人生輝煌巔峰。總有一天，我將無法照自己的意思控制體力與精力。因此，在這十年當中，除了走出無悔的人生之外，如何去面對日本料理亦是我人生的重大課題。

爲了做出改變，我對自己下了很多禁令。例如決定停止做一些我至今一直認爲是理所當然的事情——不使用過去用過的器皿；一整年出刺身時不搭配山葵和醬油；不提供狼牙鱔椀或炊飯等。此外，自幾年前開始，每月都會推出不同菜單，每年不重複，第二年或第三年時也不會提供相同的料理，亦不用同樣的器皿盛裝相同的料理。我認爲透過這種手段，或許能夠誕生出「某種」前所未見的嶄新成果。

這段時間比我想像中的更加痛苦和煎熬。有時我會埋首在幾十本書中，也有時會反思過往，不斷否定過去自己的料理。

在創造新事物時，總是伴隨著出生的陣痛。

菜單由十至十一道菜所構成。而十道簡單靈光一現所想出的菜色和從一百道洗鍊的菜色中精挑細選出頂級十道菜的說服力相當不同，客人也能感受出箇中差異。我覺得透過每個月持續想出九十九道被淘汰的菜，更能孕育出某種東西。

話雖如此，料理並非誕生於痛苦之中，最終創造料理時還是得樂在其中，否則創作出的料理會令人感到窒息。出於樂趣而製作的料理客人吃了也很開心，才能讓飲食更加富足。在過去的幾年裡，我深深體會到，面對烹飪就是面對自己。

在上述背景下，本書特別著眼於「擺盤」這個視角來介紹料理，希望爲未來的日本料理增添耀眼的亮點。我想無論是對客人或者是年輕的廚師來說，料理做的美味是基本的，但如果缺少魅力和風格，可能就會讓人興致索然了。

希望這本書能爲大家帶來一些新的想法。

銀座小十擺盤的美學——目次

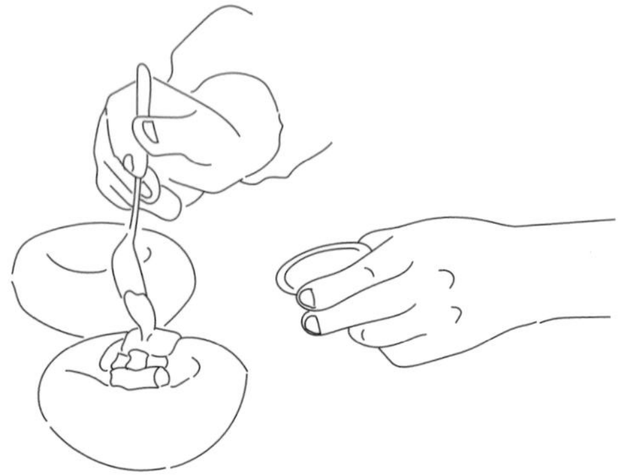

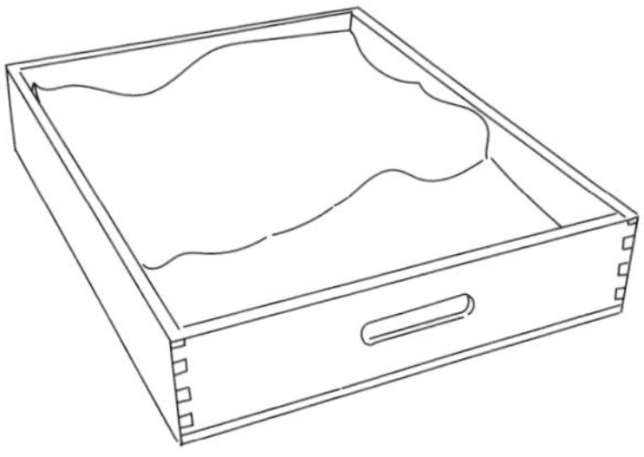

第一章 付出 先付

付出し 先付

從第一盤就迸發出
鮮明的強烈衝擊

「付出[2]」（餐前小菜）是故事的濫觴。每個客人追求的為何或有何種想像因人而異，但無論如何，揭開序幕的第一道料理都是最重要的。若不能在此時提供超乎客人期望的料理，便無法進入故事當中。是要走華麗的風格，或是要傳達深植人心的訊息，還是想提供意外的驚奇，會因季節、月份而有所不同，我自己也是每次都很煩惱，思慮再三，不到最後一刻無法得知答案。

以器皿來說，我認為最容易吸引人的方式就是意外的驚奇感。若能將前所未見的形狀之器皿搭配料理，創造出新的東西，我覺得這樣也很不錯。為了從第一盤就創造出鮮明的衝擊，不同時候有不同做法，可以「從料理出發」，也可「從器皿出發」。

此外，「八寸」可將各式前菜少量多樣搭出豪華的擺盤。由於很多客人在餐廳一開始會先喝酒，所以可先出所謂的「先付八寸」。若是中途才出八寸，這時亦蘊含菜單轉折的意涵。

1 日文原文為先付，第一道開胃用的前菜，上飲料之後上的第一道菜。

2 日文原文為付出し。上前菜之前提供的餐前小菜。

用金銀色的器皿營造出正月喜慶佳餚的氣息。

紅白蘿蔔甘醋漬　1月

稻燒鰤魚　皮霜[3]　昆布締金目鯛

萵筍[4]　京紅蘿蔔

和芥末醋味噌　米麵蓊[5]

黑豆　甘醋柿乾　柚子霰[6]

3 用皮霜法燙過的魚。皮霜指將海鮮下鍋燙熟表面後泡至冷水中的調理方法，又稱湯引法。

4 日文原文為千社唐，為莖用萵苣的一種，台灣俗稱A菜心。

5 日文漢字作衝羽根，學名Buckleya lanceolata。

6 大致為中餐裡的小丁。

「畫龍點睛」。
置於最上方的甘醋柿乾及柚子霰為這道料理起了點睛之效。
關鍵在於擺盤時要清爽俐落，
外觀必須看起來端正整齊。

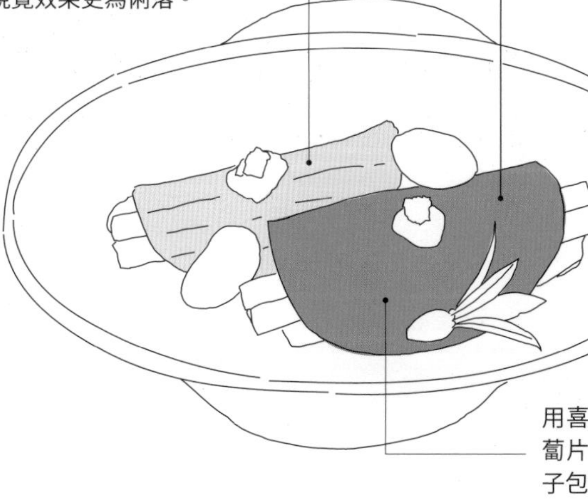
用半透明的白色白蘿蔔片將魚皮燙過的昆布締金目鯛包起來。在排列好的紅白雙色白蘿蔔旁擺上兩顆黑豆讓整體視覺效果更為俐落。
用甘醋漬紅色白蘿蔔片將稻燒鰤魚、萵筍、京紅蘿蔔及和芥末醋味噌包起來。兩端露出的長度要均等，長度的平衡也很重要。
用喜氣洋洋的紅白雙色白蘿蔔片模仿和菓子花瓣餅的樣子包住鰤魚和金目鯛。

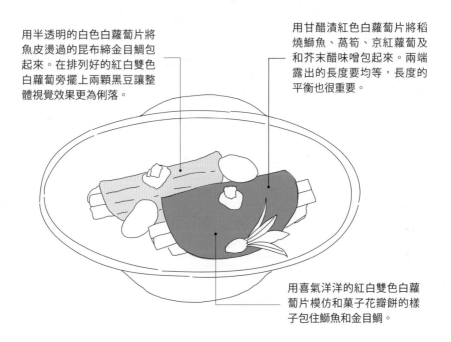

牛角蛤　春季百蔬　3月

牛角蛤[7]　竹筍　蕨菜　油菜花　筆頭菜[8]

刺嫩芽　白蘆筍

水芹　食用土當歸　蠶豆　山椒嫩葉

大葉玉簪　莢果蕨芽　水菜

春蘭　艾草　片栗花[9]

7 日文原文為平貝，牛角江珧蛤，學名 Atrina pectinata，俗稱牛角蛤、牛角蚶、江珧蛤、江瑤、玉珧。中國稱為櫛江珧。

8 日文漢字作土筆，問荊的孢子莖。

9 豬牙花。

加入滿滿山與海的春日氣息的特別菜色。
將分別調味過的春季蔬菜用山葵、醬油及德島酸橘汁稍微拌一下，再盛入牛角蛤殼中。

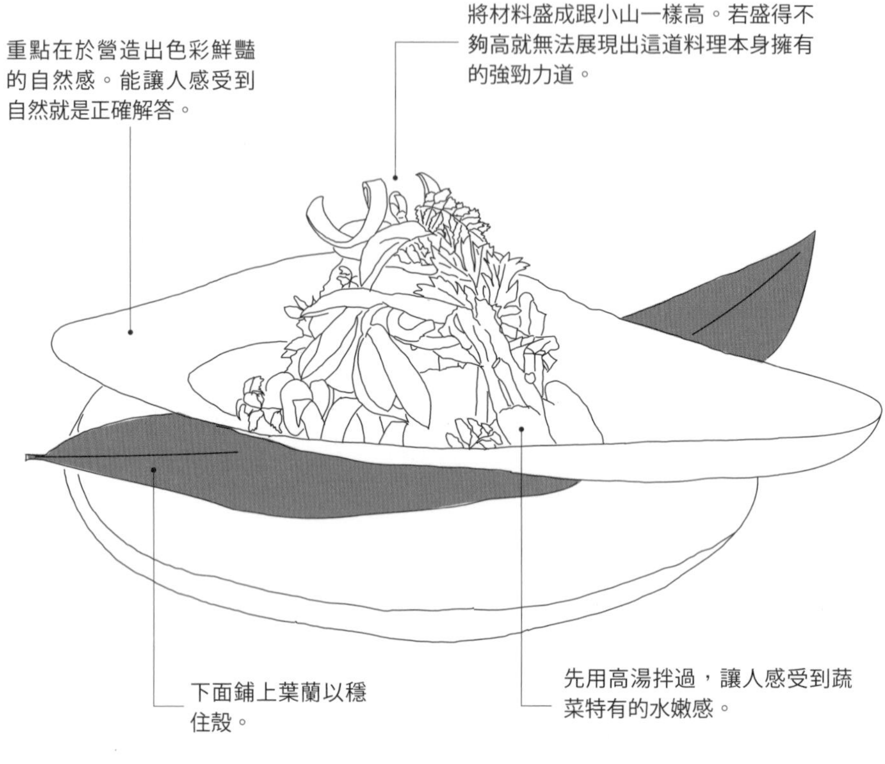
重點在於營造出色彩鮮豔的自然感。能讓人感受到自然就是正確解答。
將材料盛成跟小山一樣高。若盛得不夠高就無法展現出這道料理本身擁有的強勁力道。
下面鋪上葉蘭以穩住殼。
先用高湯拌過，讓人感受到蔬菜特有的水嫩感。

於一道菜中加入這麼多的
春季蔬菜及牛角蛤。

此料理的關鍵在於
要看起來自然卻是刻意為之。
雖是刻意為之卻很自然。

一入口首先會吃到山菜的苦味，接著伴隨而來的是隱藏於深處的甜味。正因有這個甜味才好吃。將整體的滋味用高湯的鮮味統合起來，而柑橘酸味及山葵的辛辣所帶來的刺激則會讓人意識到口中複雜的滋味變化。

炸生腐皮兩種　4月

富山白蝦[10]　昆布締　生海參腸　灑德
島酸橘
烤螢烏賊　筆頭菜佐木芽[11]　味噌

10 日文原文為白海老，日本玻璃蝦，以富山灣產的最為著名。

11 山椒嫩葉。

在炸生腐皮上盛上象徵春天的兩種食材組合。外觀不用說，大前提是吃起來也要好吃。量要控制在用手拿起來可以一口吃下的量。

為了讓各色各樣的滋味與口感
在口中融為一體後擴散開來，
若只有一加一太無趣。
思考時要以一加一加一的三要素
去構成和諧。

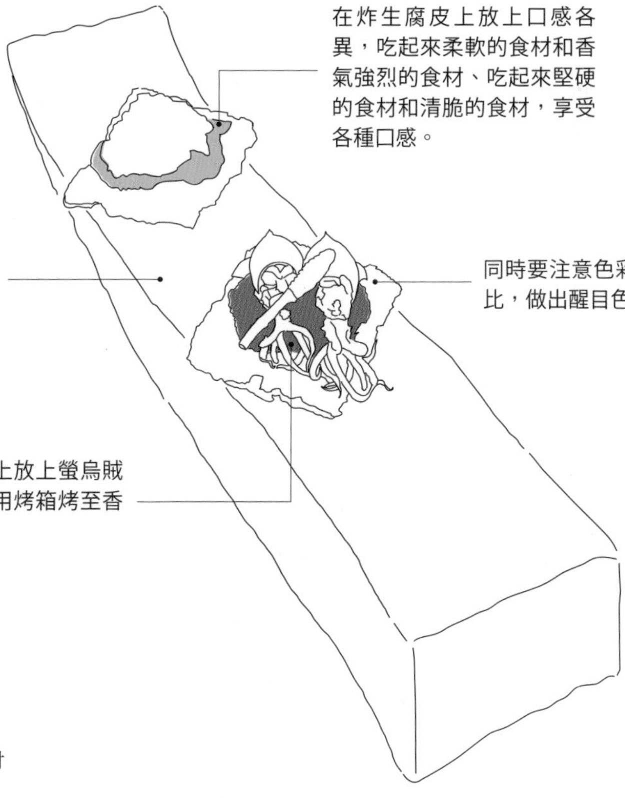
在炸生腐皮上放上口感各異，吃起來柔軟的食材和香氣強烈的食材、吃起來堅硬的食材和清脆的食材，享受各種口感。
在波浪狀的長盤上將兩種炸生腐皮稍微斜斜放置，營造出律動感。
同時要注意色彩的對比，做出醒目色差。
在木芽味噌上放上螢烏賊與筆頭菜，用烤箱烤至香酥酥脆。

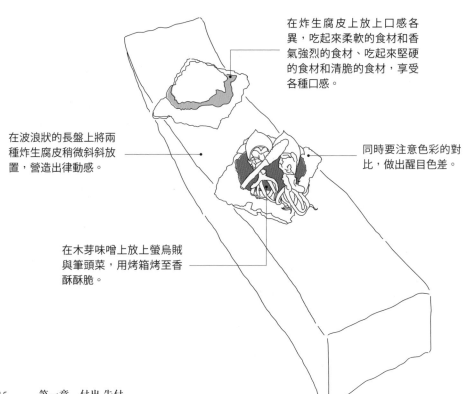

炸幼香魚　5月

綠醋[12]　梅肉紅蓼蘿蔔泥

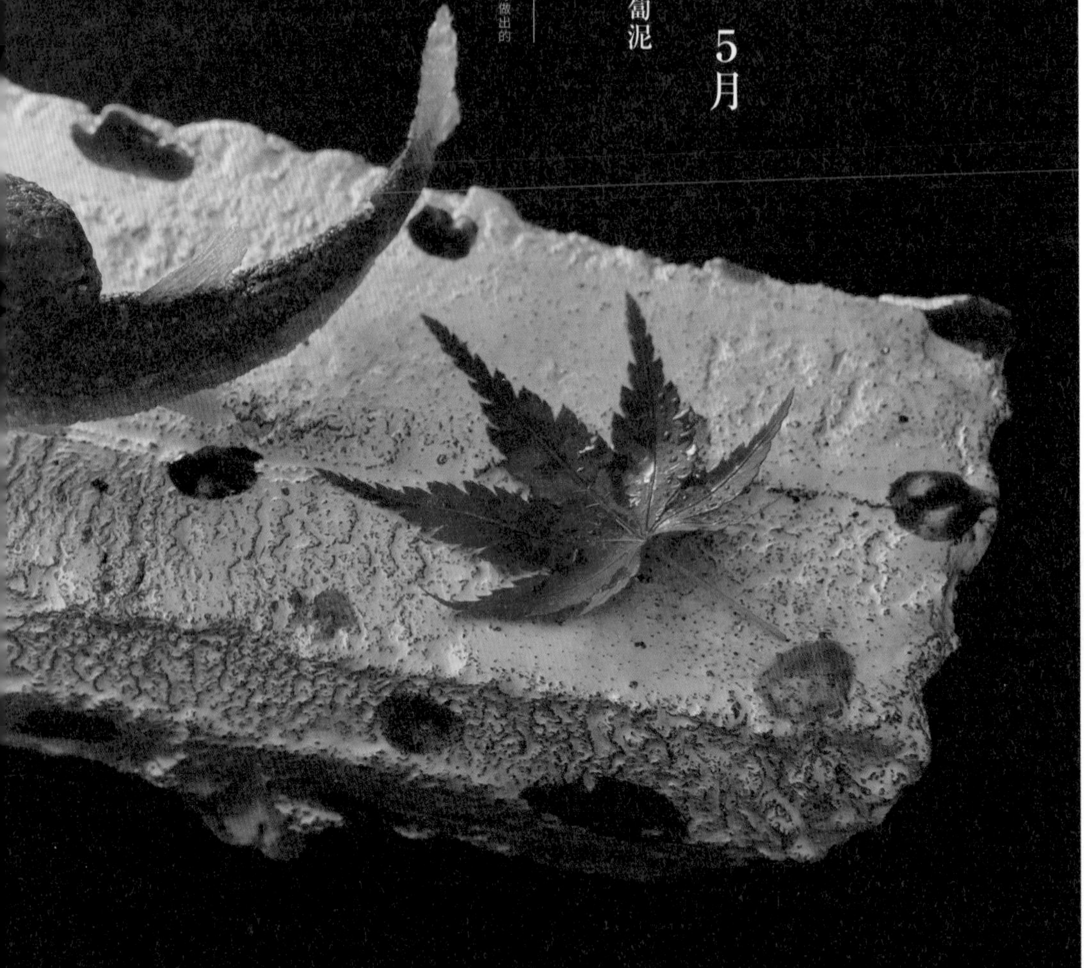

12　一般是將小黃瓜磨泥後混合土佐醋等做出的配料。

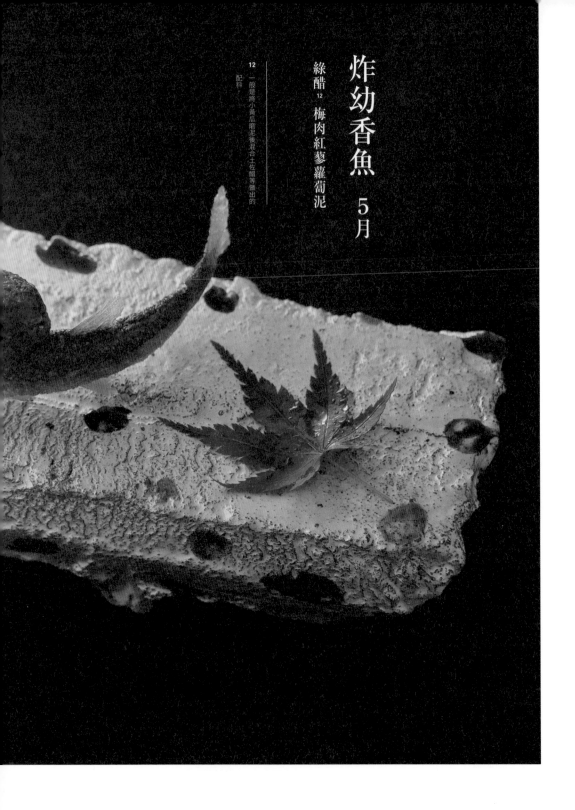

山口真人作。在銀彩的長方盤上擺上有
存在感的幼香魚。抓著尾巴，從頭部開
始享用的豪爽美味。

這個器皿的清涼感
可激發玩心的樂趣，
並模擬幼香魚
在清澈溪流中泅泳之姿。

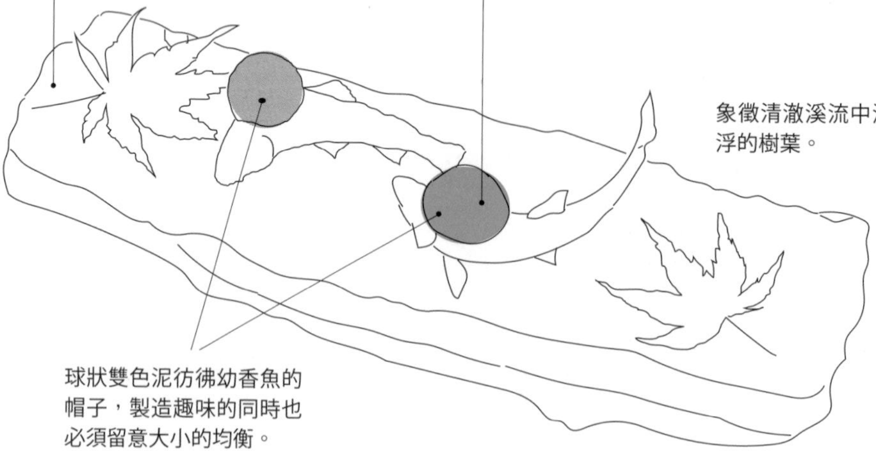
施了銀彩的器皿最適合這個季節。可將香魚的泳姿映襯得更加鮮活。
在兩隻幼香魚的魚頭上分別盛上用水蓼做成的綠醋以及混入梅肉及紅蓼的白蘿蔔泥兩種配料。
象徵清澈溪流中漂浮的樹葉。
球狀雙色泥彷彿幼香魚的帽子，製造趣味的同時也必須留意大小的均衡。
在將幼香魚插串時就要先想像好擺盤時的姿態。

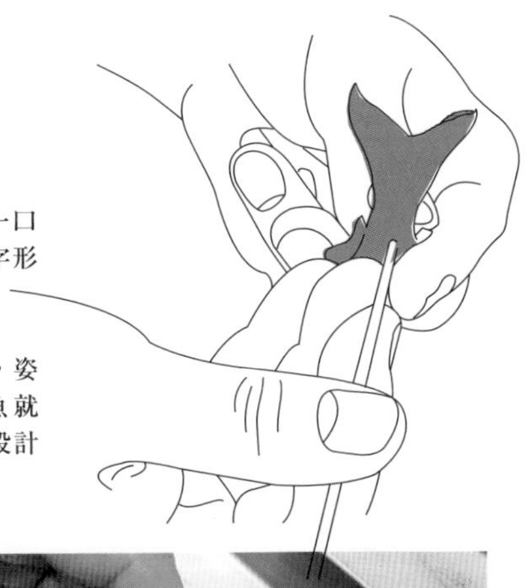

將串叉自尾部朝眼部旁一口氣水平串入做成「つ」字形模擬幼香魚游泳的姿態。

不僅止於炸出香酥酥脆，姿態彷彿在游泳的幼香魚就好，更考驗更進一步的設計新穎程度以及原創性。

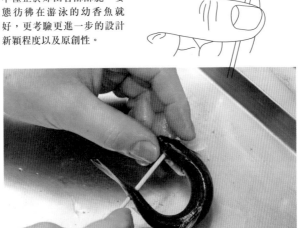

菖蒲刀與蒸鮑魚象徵了簡潔又明快的男生節日。有魄力的料理要展現出強而有力的一面，因此集中力就是一切。

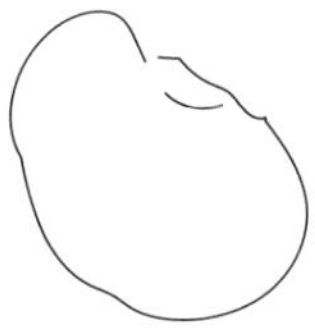

菖蒲刀　蒸鮑魚　5月

鮑魚肝醬　蠶豆　青柚子

在恰到好處的線上放上菖蒲刀。
唯有從超出器皿的刀尖部分直到
刀鍔為止都經過精密的計算，
才能完成凜然的擺盤。

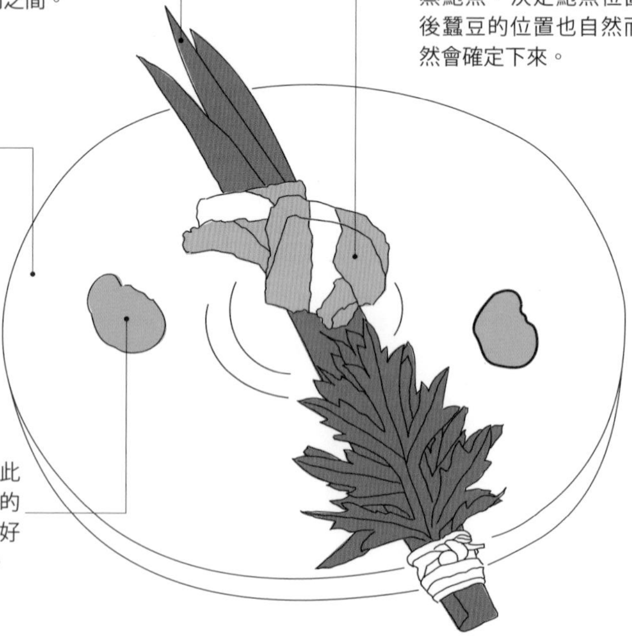
菖蒲刀擺放的角度要介於時鐘的十點到十一點方向之間。
鮑魚的存在感要凌駕一切。這道料理的主體是蒸鮑魚，決定鮑魚位置後蠶豆的位置也自然而然會確定下來。
使用厚重的圓形玻璃盤讓人聯想到春天到初夏的季節感。
將左上方的蠶豆置於除此之外別無選擇、最恰當的位置，右下方的蠶豆則好像掉下去一樣隨性擺放。

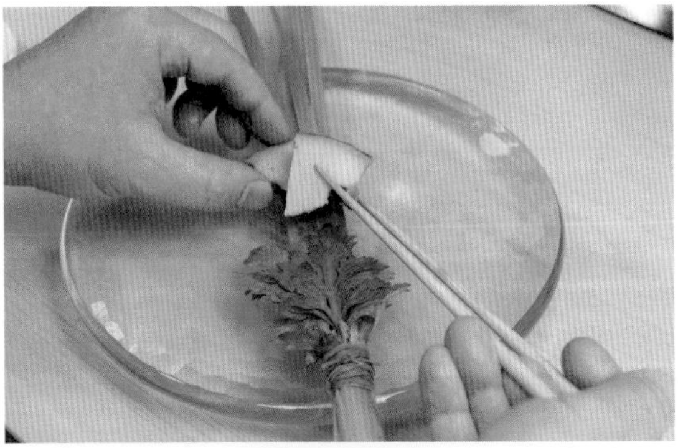

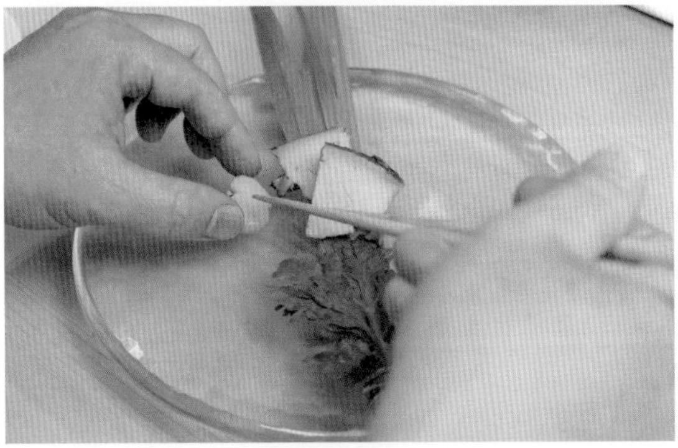

菖蒲刀的長短均衡好壞會讓原本充滿張力及魄力的料理變成薄弱被壓倒的料理。僅蒸過的鮑魚大顆又有魄力，搭上濃郁的鮑魚肝醬，將各個元素堆疊起來，表現出男生簡潔又明快的強大力量。

用帶殼海膽、味噌漬豆腐、毛豆三個部分組合而成的美食盛宴。每個最微小的細節都要用心處理，一口氣將人拉進當天的菜色中。

帶殼海膽 味噌漬豆腐

6月

毛豆　昆布高湯凍

青柚子　紫蘇穗　青楓葉

視覺效果十分清新的青楓葉及冰，
用玻璃打造出富清涼感的舞台
再放上帶殼海膽。

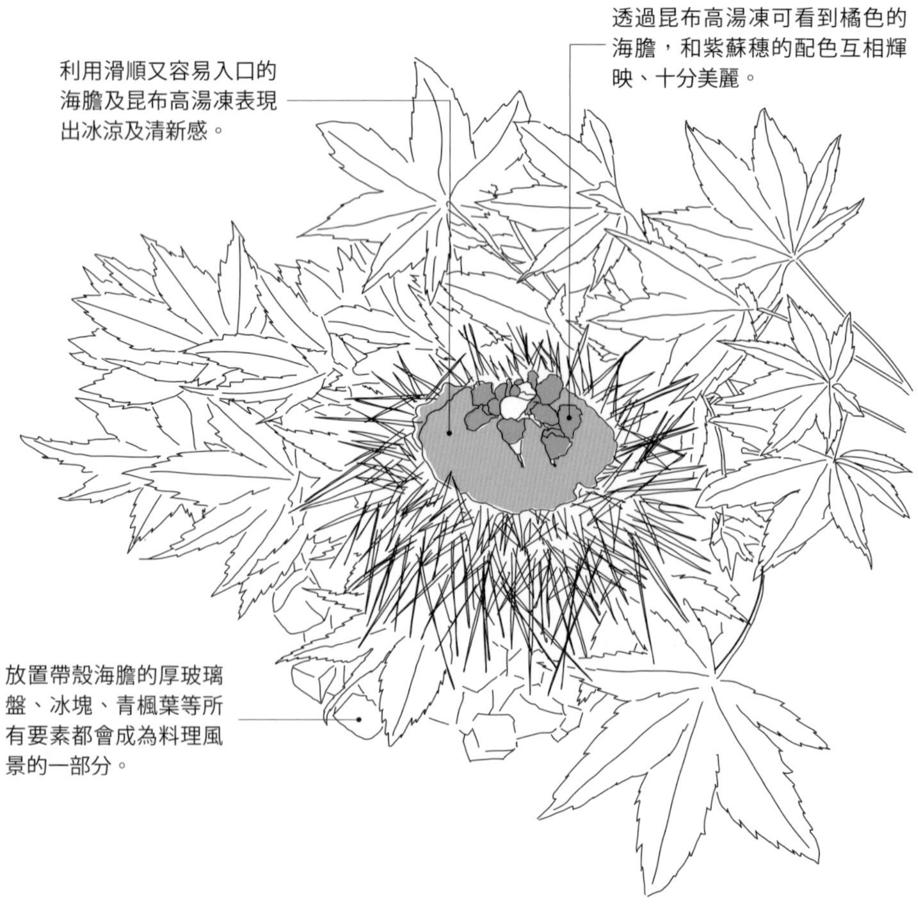
透過昆布高湯凍可看到橘色的海膽，和紫蘇穗的配色互相輝映、十分美麗。
利用滑順又容易入口的海膽及昆布高湯凍表現出冰涼及清新感。
放置帶殼海膽的厚玻璃盤、冰塊、青楓葉等所有要素都會成為料理風景的一部分。

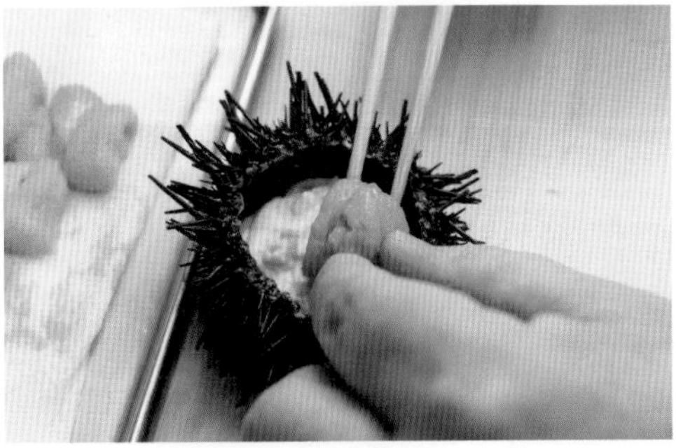

用白味噌醃漬的豆腐，甜味會滲入豆腐中，滋味更為濃縮。再擠上點柚子汁，吃起來就像奶油乳酪。加入毛豆後裝到海膽殼中，上方再放上海膽。最後再淋上昆布高湯凍收尾即成。

毛蟹梅素麵

5月

番茄凍
石蓴　秋葵
青柚子　紫蘇穗

迎接梅雨的時節，用富清涼感的器皿裝入梅素麵，再搭配毛蟹與番茄凍、秋葵與石蓴，一次盛裝兩道料理。

於筒狀的器皿中放入加了毛蟹與番茄凍、石蓴、秋葵的梅素麵。做為前菜，是能讓人對抗燠熱天氣，十分清爽的一道料理。

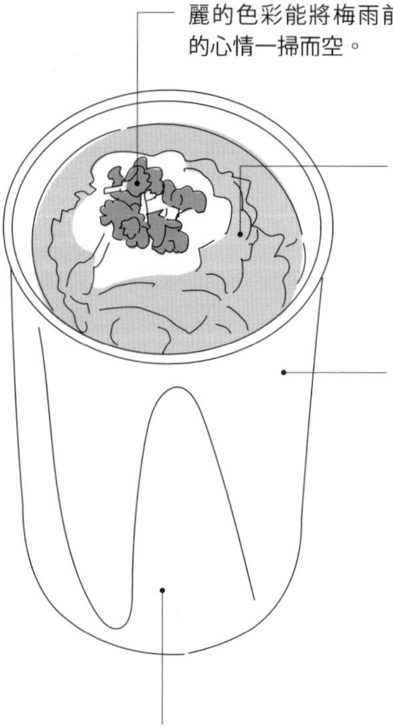

於最頂部灑上紫蘇穗，美麗的色彩能將梅雨前鬱悶的心情一掃而空。

算好毛蟹與夏季蔬菜、素麵的均衡，以呈現出這道前菜。

在藍白色，外觀很涼爽的器皿中盛入冰涼的梅素麵，在麵上放切碎的秋葵、石蓴、毛蟹，再淋上透明的番茄凍。

由於筒狀的器皿讓人無法一窺內部，反而讓人更加期待。讓人一邊吃一邊窺探裡面的好料，視覺上的美感也要計算好。

湯引[13]狼牙鱔　水茄子

7月

白芋莖　石蓴　番茄　小黃瓜

蘘荷　番茄高湯

13 用熱水快速燙熟海鮮表面後泡至冷水中的調理方法，熟度較霜降法低。

冰涼的蔬菜中加入剛燙過的狼牙鱔，享受魚肉的鬆軟與甘甜，讓人通體舒暢的一道菜。

在夏季蔬菜與石蓴、番茄高湯中浸泡剛燙過溫溫的狼牙鱔。盛上多一點梅肉，帶出狼牙鱔的甘甜滋味。

為了不讓細膩的狼牙鱔的甘甜流失，趁剛燙好尚溫熱時盛盤。

將梅肉做成圓球狀盛多一點放在狼牙鱔上，與白色的魚肉互相輝映。讓整體呈現淡色調，製造出柔和的印象。

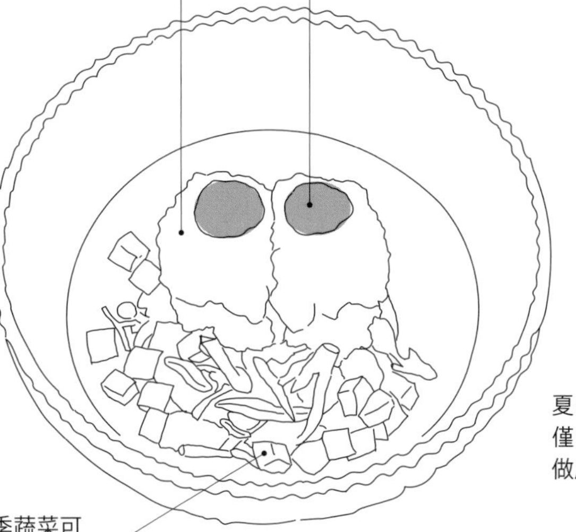

夏季狼牙鱔的美味不僅可做成椀物，還可做成付出來呈現。

淡色系的夏季蔬菜可進一步烘托出狼牙鱔的溫熱。

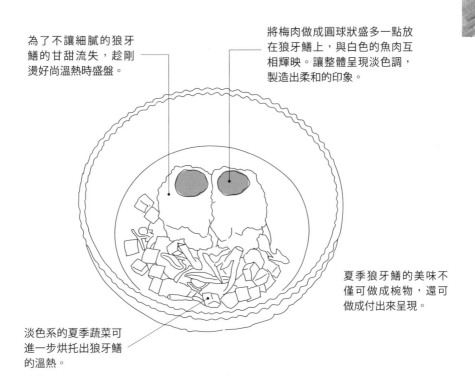

11月

炭烤金梭魚
烤松茸

菠菜　鮭魚卵蘿蔔泥
青柚子

從西岡悠製作的嶄新器皿中所誕生的料理。從超越割山椒[14]的器皿當中所浮現的靈感便是「某種東西的誕生」。

14 懷石常用器皿之一，形狀為裂成三瓣的小缽。因其形似成熟山椒果實掉落後裂開的樣子故名。

由於開口很狹窄，
無論盛裝或是食用時都很有難度。
讓人感到全新的可能性
其實就潛藏在悖離日常生活的地方。

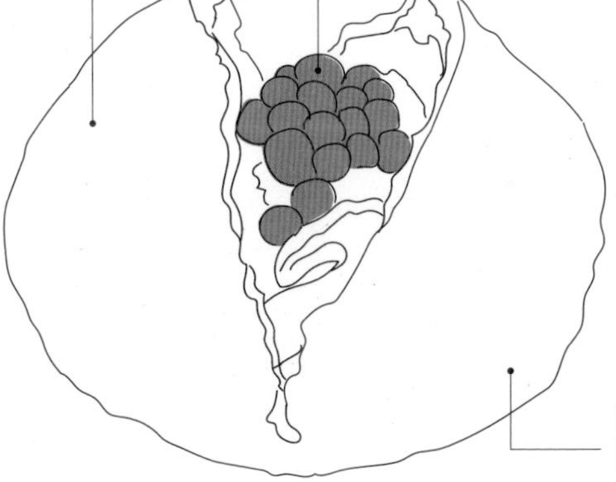
開口狹窄，很難盛裝的器皿。其趣味正在於從這種非日常的器皿當中孕育出某種新事物的可能性。
將高湯浸菠菜梗，上面盛放用炭火燒烤的松茸。最後放上的鮭魚卵蘿蔔泥會讓人聯想到近未來的異世界。
藉由盛裝於現代創作者的嶄新器皿中來表現出摩登感與有創意的玩心。

夏季的知名料理「鮑魚素麵」，滋味醇厚的生鮑魚摺流[15]和醬汁的絕妙平衡堪稱一絕。是每年客人都引頸期盼的本店招牌特色菜。

鮑魚素麵 8月

蒸鮑魚　鮑魚肝醬　芽蔥

15 將蔬菜或生的魚介類用篩網磨碎，一點一點放入高湯中慢慢用小火加熱。

最重要的就是
入口時滋味的均衡。
用磨泥器磨碎的鮑魚，
肩負了烘托出冰涼的素麵及蒸鮑魚的美味
這項十分重要的任務。

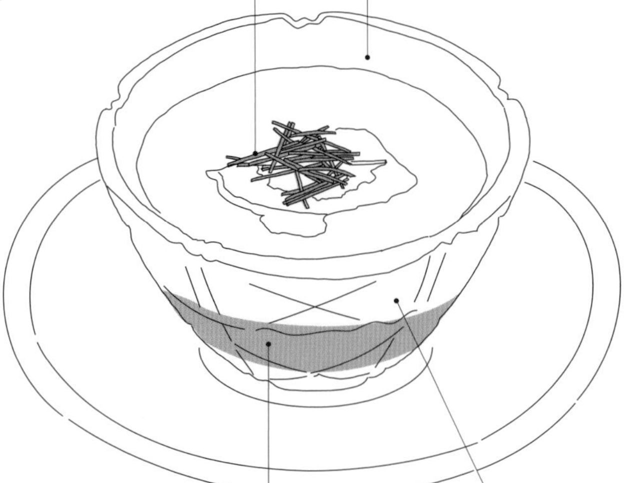
芽蔥、青柚子亦是不可或缺的配菜。
將北大路魯山人發明的鮑魚摺流搭配蒸鮑魚及素麵。
鮑魚摺流、蒸鮑魚具有壓倒性的美味。提供時用玻璃器皿搭配銀蓋，用以展演掀蓋瞬間的清涼感及驚奇性。
為了讓主角鮑魚摺流吃起來更好吃，素麵醬汁及素麵的量不能太多。要調整入口時滋味的均衡。

一開始先漂亮地盛入素麵，再慢慢倒入醬汁。接著再注入用吸地底[16]稀釋的鮑魚摺流。放上蒸鮑魚、用篩網磨細的鮑魚肝加入醬油調出的鮑魚肝醬、芽蔥，再灑上青柚子。

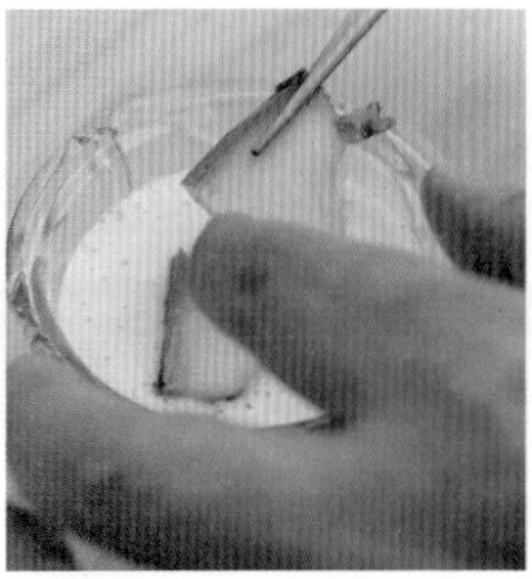

16 一種日料的基本高湯，成分為高湯、鹽、淡口醬油、酒。

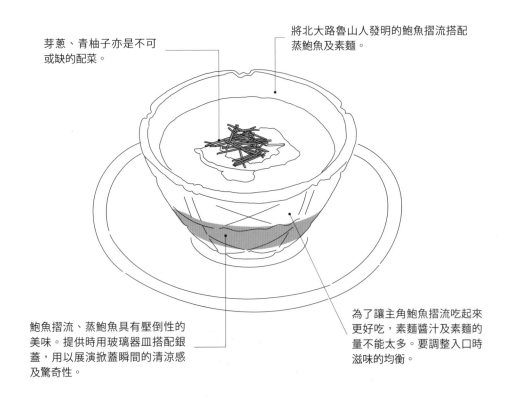

八寸

用新的觀點引進習俗與節日的要素。

節分繪馬盤

2月

「鬼香合[17]」
將五種煮豆子（大豆、青大豆、金時豆、大福豆、黑豆）裹上鱉甲芡[18]。

盛裝可放在掌心的小型香合中的料理為了讓人一眼就感受到節分的氣息，首先把象徵灑豆的五目煮豆放到「鬼」中。

二月三日的節分對日本人來說是很重大的分界點，過完節分後的新月才進入舊曆正月。節分的由來眾說紛紜，要如何用料理與器皿呈現節分相當考驗品味與感受性。這次我在繪馬形的托盤上，搭配有詼趣的鬼與鐵棒，並使用了阿多福面的香合。

打開附蓋香合的瞬間，必須呈現超乎掀蓋前客人想像的結果。也因此，不僅僅是食材，每個小細節都得鉅細靡遺地照顧周全。

17 存放香的附蓋容器。

18 成分為高湯、鹽、味醂、濃口醬油、葛粉。

19 黃身即蛋黃。將味醂、酒、醬油煮去酒精成分冷卻後混合蛋黃即成。

20 將海鮮插串後炙燒再過冷水的手法。

「鬼出去，福進來。」在周圍故意放置福豆，留下灑豆子的痕跡，以及擊退鬼的柊葉，並放上山茶葉慶賀新春，祈求一年健康平安。

「鐵棒」
於放在鬼前面的鐵棒上，放了切成四方形的鮪魚腹肉、黃身醬油[19]、挖好的山藥。

「阿多福面」
將燒霜[20]帆立貝貝柱、蘋果醋凍、挖好的蘋果、水前寺藍藻、萵筍盛裝成色彩繽紛又絢爛的擺盤。

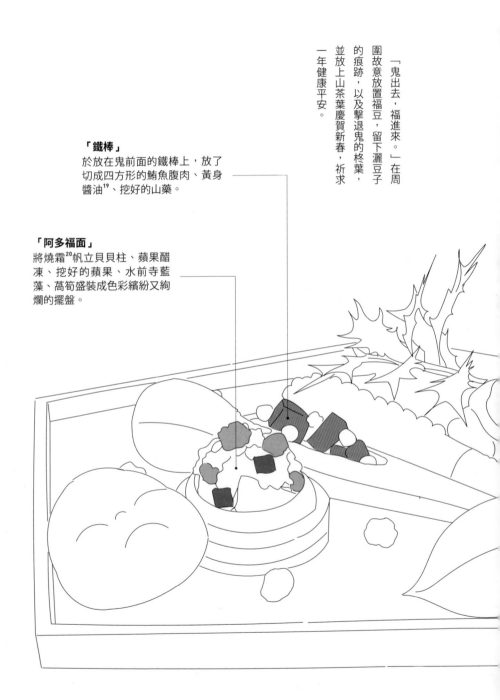

名殘茶事

寄向[21] 10月

信樂立方體
鈴木大弓・作

紅志野向付[22]
山口真人・作

鐵繪變形缽
西岡 悠・作

三島高盃
鈴木大弓・作

信樂高台
古谷和也・作

信樂割山椒
山口真人・作

21 平常的茶事會針對所有客人提供相同向付，名殘茶事時則會提供每個人不一樣的向付，稱為寄向。

22 因其擺放位置在折敷（方形膳盤）上位於飯和湯的對面（向こう）而得名。向付為該器皿之名稱，亦指裝在此器中的料理。通常是生魚片等冷盤但也可能因茶事內容而提供熱食。見本書229頁。

無花果　麝香葡萄
柿子　明蝦白和[24]

白鯧[23]　炸松茸
淋甘醋芡　炸銀杏

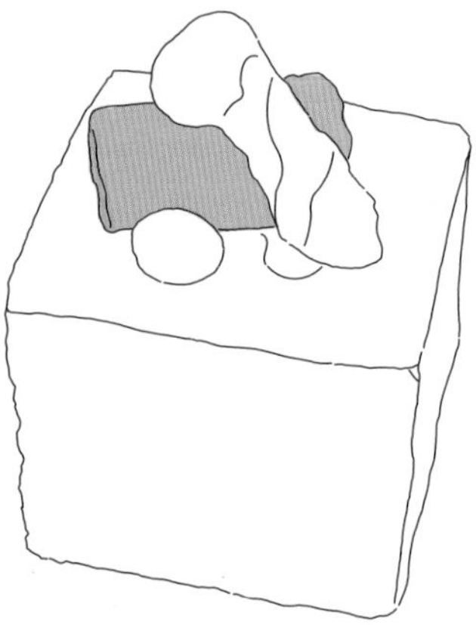

十月對茶湯來說是一年的結束，稱為名殘月。翌月十一月是將風爐收起，開地爐的重大轉捩點。彷彿要向使用了半年的風爐惜別一般，使用簡樸沉穩的器具來進行茶事。

「寄向」為每個人使用不同器皿盛裝料理，具侘寂（WABI-SABI）之風雅。也只有這個月可以使用以金繼技法修復過的器皿。我一直想著有朝一日能試試看千利休所想出的寄向。所謂的茶湯就是要享受亭主的盡心招待。由於希望客人能開心享用，每個器皿裡面盛裝的料理也都是不同的菜色。

皮霜喜知次　白髮蔥[25]　芽蔥
菊花　紫芽[26]　柑橘醋醬油凍

醋漬鯖魚　明蝦
子持昆布[27]　金目鯛昆布締
拌蕈菇鮭魚卵蘿蔔泥

無論哪一道料理，其食材、烹調手法、滋味都各相迥異。而在這當中充分活用了廚師的經驗值。這些器皿都是風靡當代的現代創作者們的作品。無論哪一個器皿都在侘寂之中帶有適合菜單起始菜色的絕代風華，可襯托出名殘的酒肴。

23 日文漢字作「真名鰹」，北鯧，學名Pampus punctatissimus，又稱銀鯧、正鯧。
24 白和指用加了豆腐做成的白和拌醬去拌。
25 將長蔥蔥白部分縱切成細絲。
26 紅紫蘇的嫩葉，產季為六至七月。
27 保留日文原文，即帶有鯡魚卵的海帶。
28 裙帶菜。

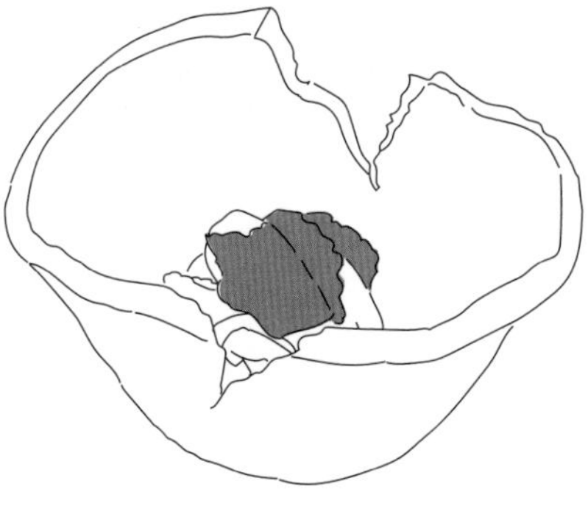

梭子蟹　明蝦　海帶芽[28]醋凍

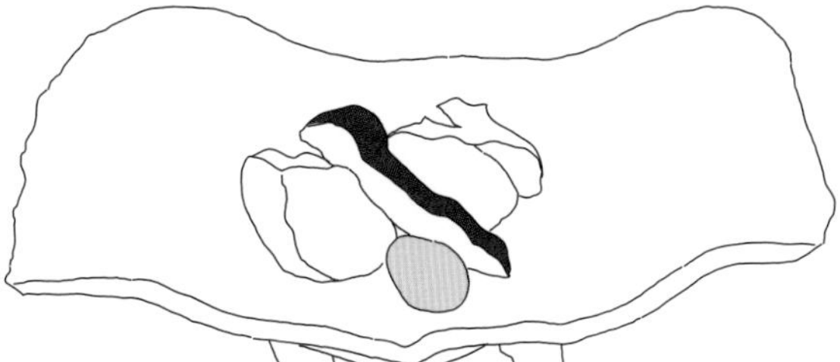

炭烤馬頭魚　烤松茸　炸銀杏

器皿選擇

銀彩長皿
山口真人・作

一回首我才發現自己很喜歡陶土的器皿。陶土製器皿的優點在於它自然磊落，時而魄力萬千又時而溫婉柔和。就像是支持著我的料理的大地般存在。

近十多年來，我很積極地採用活在當代的三四十幾歲年輕創作家的器皿，他們用前無古人的做法持續摸索，希望孕育出至今尚未問世的東西。這麼做最大的理由在於我認爲若不能培育出大量活躍於第一線的年輕器皿創作家，那麼陶藝界也不會有未來。

現今的時代瞬息萬變，而我一直以來也期許他們能進一步去深刻探求唯有現今能創造出來的、與眾不同的、甚或奇特的作品。這樣的做法促使他們製作出充滿個性又多元多彩的器皿，我自己也接受到刺激，對探索如何使用這些自由奔放的器皿來完成料理的擺盤樂在其中。

當唯有當下才能詮釋出的料理邂逅了空前未有的器皿，我很確信一定會誕生出嶄新的可能性。

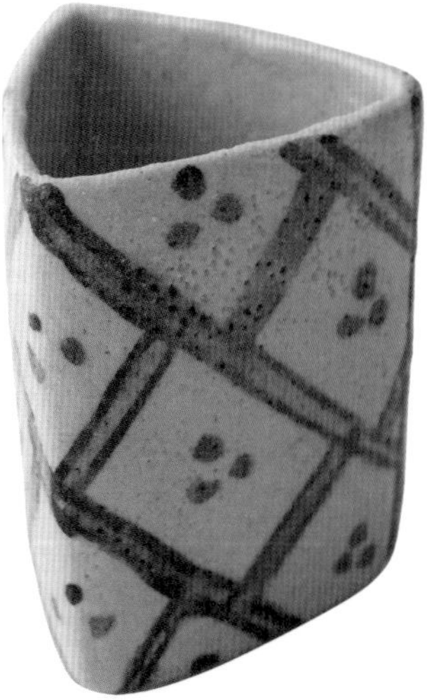

志野織部幾何學文筒向付
瀧川恵美子・作

信樂向付
山口真人・作

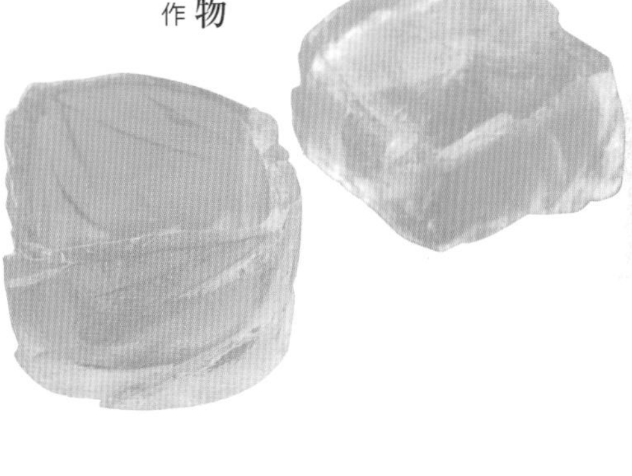

結冰蓋物
岸本耕平・作

彌七田風船小鉢
西岡 悠・作

信樂銀彩陶箱
鈴木大弓・作

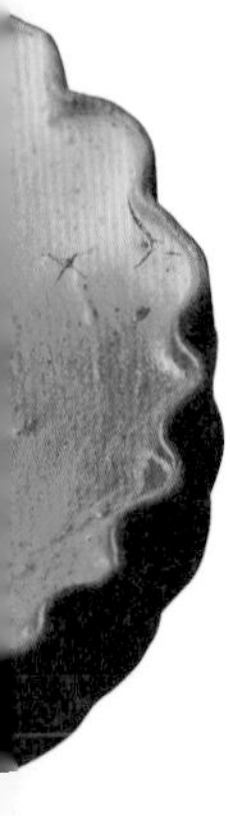

火襷輪花向付
小山厚子・作

斑唐津波形長盤
藤之木陽太郎・作

織部長皿
山口真人・作

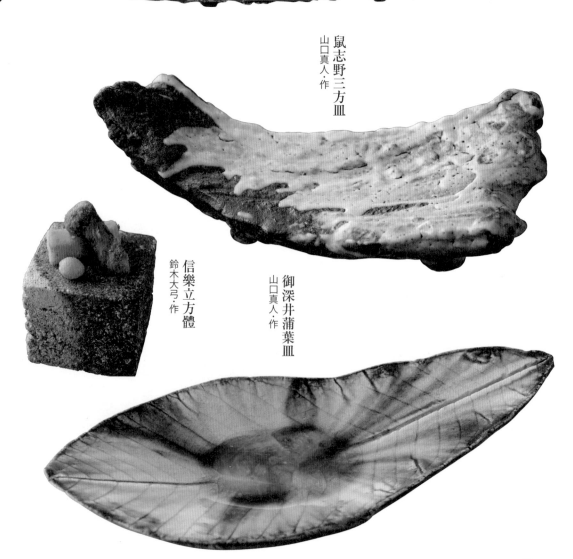

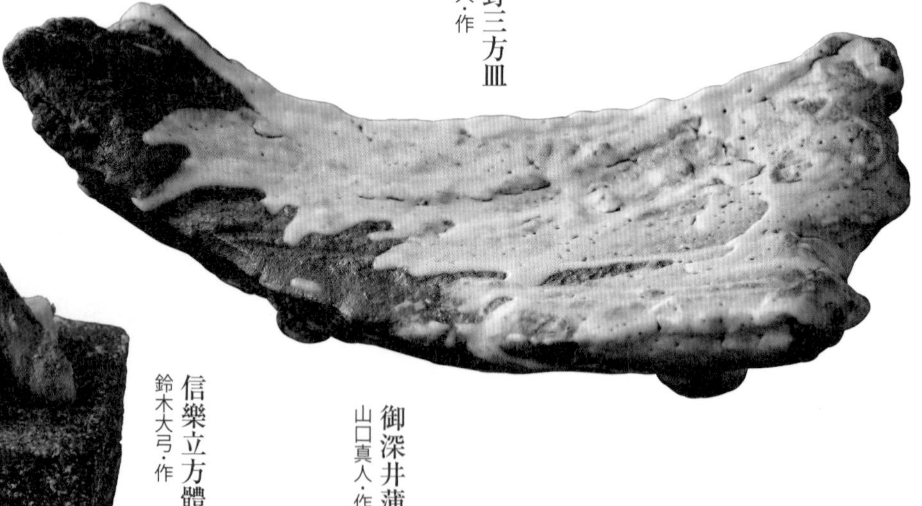

鼠志野三方皿
山口真人・作

信樂立方體
鈴木大弓・作

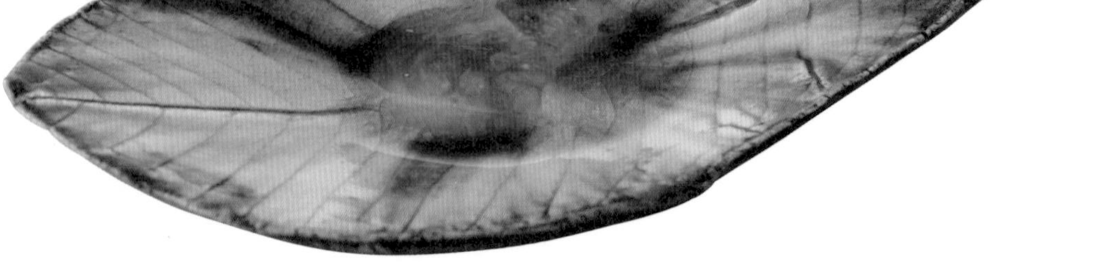

御深井蒲葉皿
山口真人・作

三島鉢
鈴木大弓・作

織部二股割山椒
西岡悠・作

鼠志野向付
山口真人・作

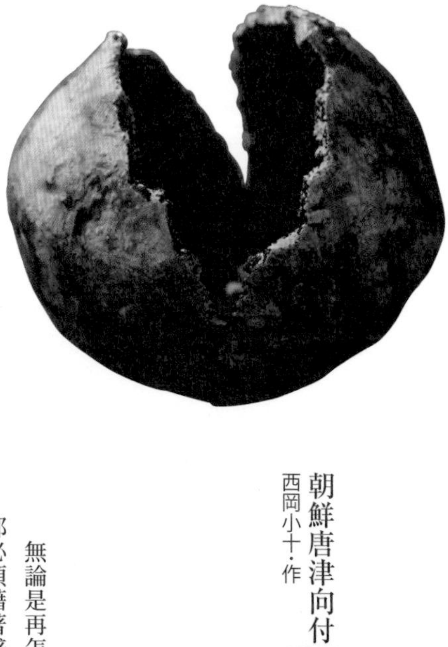

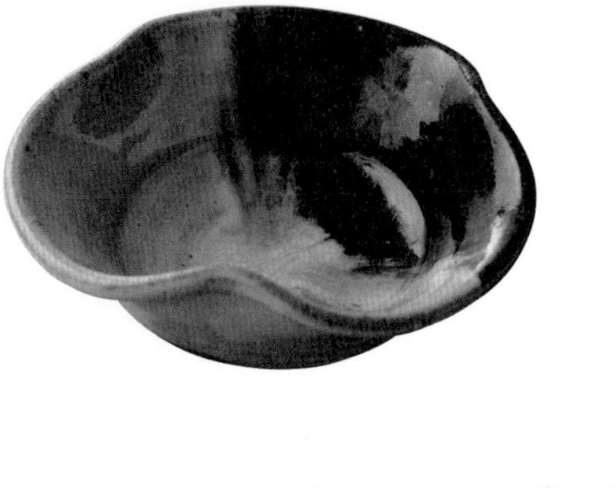

朝鮮唐津向付
西岡小十・作

無論是再怎麼厲害的器皿，擺盤的人都必須藉著盛裝的料理去征服它的世界觀。若不能將器皿運用自如，彷彿著衣、穿鞋、乘車般自然熟練的話，就稱不上是職業廚師。

除此之外，強而有力的料理擺盤也要有魄力。所謂有魄力的擺盤，並非靠單純增量就能夠表現得出來。反過來說，溫和的料理擺盤也要看起來柔和。爲了打造出有格調的柔和擺盤，必須在某一處發揮俐落的集中力。

第二章 椀

椀

椀追求的就是清澄度以及格調

菜單的構成中有「椀」是日本料理的特徵，也正是其真正價值所在。放眼世界，套餐菜單中椀的定位是獨一無二的，因而椀這項表現手法扮演了象徵日本料理的角色。細膩中帶有風雅，從核心及存在感到料理與椀的融合性為止，在在展現了日本料理的世界觀。尤其是蒔繪之美、透過精巧設計所描繪出極富魅力的季節與背景更代表了日本文化的極致。

在菜單構成中，思考椀要使用哪種當季食材時，也要同時考慮要如何擺盤才能賦予椀凜然高潔的存在感。光依靠料理本身的力道或者高湯的溫婉都是不夠的，必須在擺盤中呈現出日本料理的格調。在所有料理當中，對「格調」要求最高的就是椀。

正因如此，椀的經典食材大多採用馬頭魚、鯛魚、狼牙鱔、真丈[29]等充滿豪華感及風雅之趣的食材。除此之外，還必須考量烹調手法及擺盤的設計安排、吸地底要注入的量、客人的視角等要素才算大功告成。

29 將主要食材磨碎後加入具黏性的食材及高湯調味後做成圓餅狀稱真薯或真文，可拿去蒸、煮或炸。

在有鶯宿梅花樣的椀中，呈現冬去春來的季節更迭，盛入明亮又繽紛的好兆頭。

百合根摺流　2月

馬頭魚　生腐皮　紅白綠梅形白蘿蔔

炙燒棒形乾燥海蔘卵巢[30]　柚子霰

汁當中若少了具有存在感的料，這道椀就無法成立。話雖如此，也絕不能擺得雜亂無章，或者讓人感到厚重。關鍵在於無論從哪個角度看起來都必須很俐落高潔。

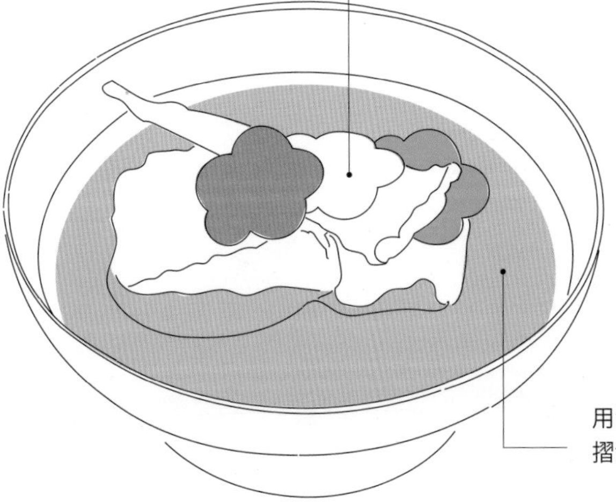
馬頭魚、橘色的棒形乾燥海蔘卵巢、挖成梅花形的三色白蘿蔔片預示了春日即將到來。
在椀蓋上繪有豪華的鶯宿梅蒔繪的黑漆椀當中盛入摺流，並於摺流上放馬頭魚，讓馬頭魚看起來像浮起來一樣。
用色澤淺淡的百合根摺流來象徵融雪。

30 日文原文作棒子。一般的乾燥海蔘卵巢形狀似三味線的撥片，稱為バチコ（有些地方稱口子），棒子為形狀一端呈細長棒狀的乾燥海蔘卵巢。

潮煮文蛤　3月

白象拔蚌[31]　北寄貝[32]
帆立貝海苔真丈　山椒嫩葉

雙殼貝是春天代表性的椀種[33]。白濁淡色的汁會讓人聯想到春日的朦朧月夜。

31 日文原文為海松貝。學名Tresus keenae。很多被稱為白象拔蚌的其實是日本潛泥蛤Panopea japonica。

32 庫頁島馬蚵蛤。學名Pseudocardium sachalinense，又名北極貝、姥貝。

33 椀種指的是吸物中的主要食材如魚肉、雞肉、豆腐和根莖類等。

春季的雙殼貝鮮味更濃
將雙殼貝的美味全都濃縮到椀中。
精密地計算美麗的色彩及多層次地口感
打造出此時節所獨有的椀。

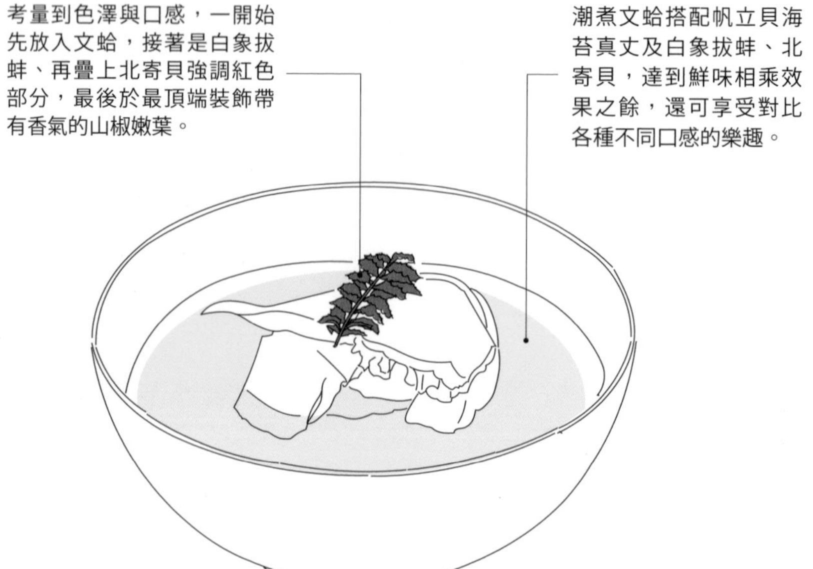
考量到色澤與口感，一開始先放入文蛤，接著是白象拔蚌、再疊上北寄貝強調紅色部分，最後於最頂端裝飾帶有香氣的山椒嫩葉。
潮煮文蛤搭配帆立貝海苔真丈及白象拔蚌、北寄貝，達到鮮味相乘效果之餘，還可享受對比各種不同口感的樂趣。

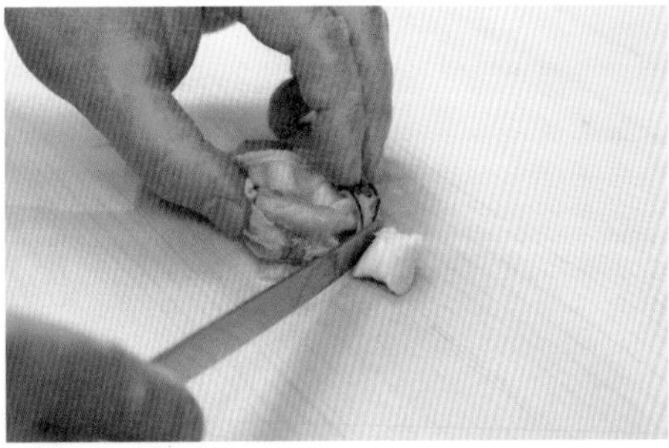

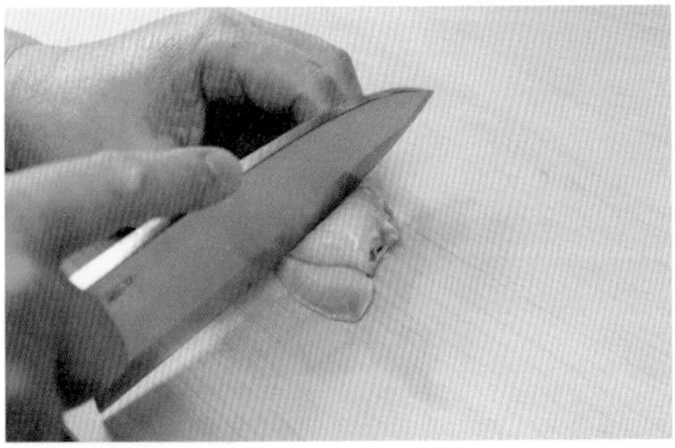

將茨城縣鹿島灘的大蛤蜊[34]用水、日本酒、昆布去蒸煮，靠貝類原本的鹽分煮出濃郁的潮汁。

34
鹿島灘文蛤為朝鮮文蛤，體型大者甚至可達10cm。

帶有濃郁鮮味的櫻花蝦摺流
中的真丈看起來格外美麗。

櫻花蝦摺流蝦真丈

4月

櫻花形蝦真丈　銀魚[35]　鴨兒芹結

竹筍　春蘭　食用土當歸　山椒嫩葉

挖成櫻花形的蝦真丈
令人回想起昭和時代先人的功夫
在現代反而看起來十分新鮮。

純白的銀魚和食用土當歸、春蘭、竹筍捎來了春天。
掀蓋的瞬間，山椒嫩葉所散發出的香氣亦扮演了重要的角色。
櫻花蝦摺流勾了點薄薄的葛粉芡，入喉更加滑順。
銀魚用鴨兒芹綁好。這亦是日本料理中獨特又細膩的功夫。
用櫻花形模具去挖出蝦真丈。

35 日文原文為白魚，中文學名為小齒日本銀魚。學名Salangichthys microdon。

油目[36]與碓井豌豆[37]是象徵五月的食材。

油目
碓井豌豆　葛豆腐

5月

青款冬[38]　白髮蔥　青柚子

36 大瀧六線魚在關西地區的稱呼。
37 硬莢種的豌豆，俗稱青豆。
38 日文原文為青蕗。

油脂含量豐富的白肉魚、油目做成的椀。
最關鍵的是在油目鮮度還很高時抹上葛粉。
掀開蓋子時映入眼簾的
就是如波浪般起伏的魚肉肌理
躍動感就是一切。

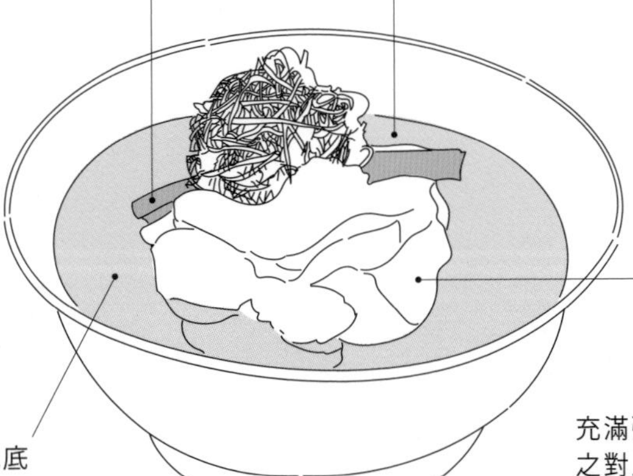
象徵季節的顏色是黃、綠、粉紅。油目旁露出一抹綠意，呈現出五月清新的季節感。
椀就是日本料理的「亮點」。高湯的滋味和食材間交織出細膩的共鳴。
清澄見底的吸地底中可窺見淡綠色的碓井豌豆葛豆腐。
充滿張力的油目搭配與之對比沉穩又優雅的碓井豌豆葛豆腐。兩者間弛張有度，烘托出更上一層樓的美味。

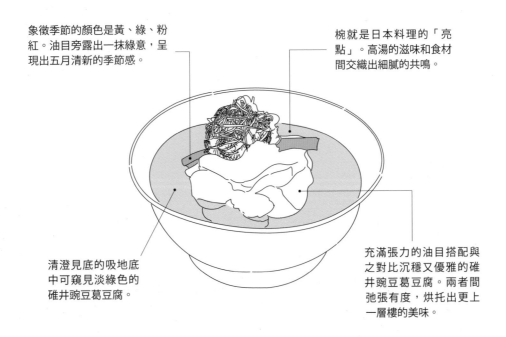

虎魚 勾吉野葛芡 玉米豆腐

6月

四季豆　白髮蔥

虎魚[39]一入口的瞬間，由膠質和鬆軟的魚肉所構成的美味筆墨難以形容。高雅的鮮味和椀是天作之合。

39 石狗公。

活締過虎魚的潛力在於
能展現出富躍動感之美。
添加了入喉滑順、
質地軟嫩的玉米豆腐
去搭配勾了葛粉芡後的絲滑口感。

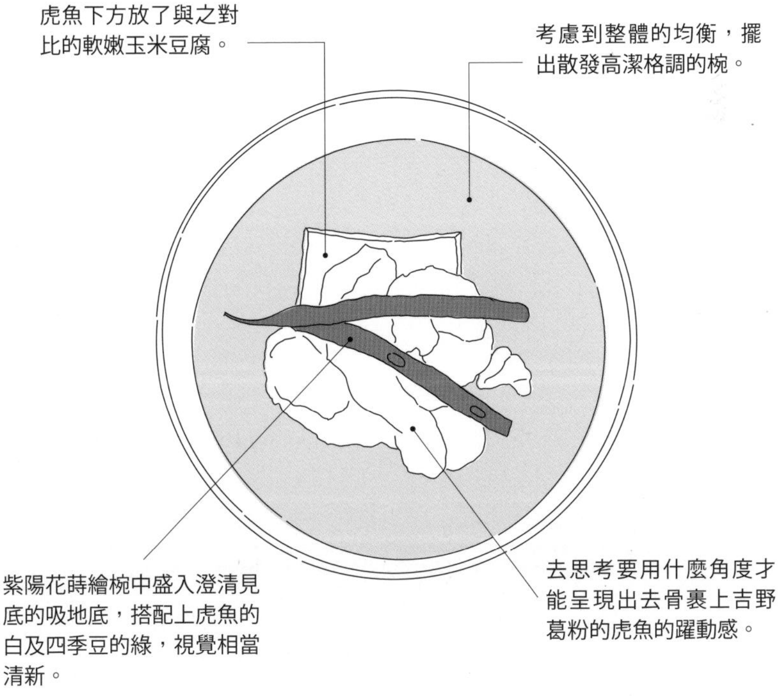
虎魚下方放了與之對
比的軟嫩玉米豆腐。
考慮到整體的均衡，擺
出散發高潔格調的椀。
紫陽花蒔繪椀中盛入澄清見
底的吸地底，搭配上虎魚的
白及四季豆的綠，視覺相當
清新。
去思考要用什麼角度才
能呈現出去骨裹上吉野
葛粉的虎魚的躍動感。

7月

高湯涮毛蟹
冬瓜　毛蟹真丈

青柚子圈

輪島塗的夕顏平椀中輝映著高湯裡涮過的毛蟹鮮豔的朱紅。

在我做的椀當中
似乎沒有比這道更加豪邁又洗鍊
且富有新意的菜色。

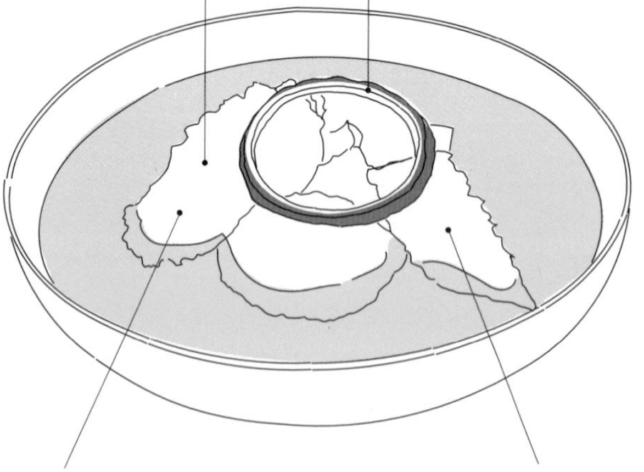
毛蟹的蟹腳用高湯涮過，
再將蟹腳枕於冬瓜上。
在靠手邊處放置毛蟹真丈
丸。用一圈青柚子收斂整
體視覺。
將人人喜愛的毛蟹美
味鎖在夏天的椀中。
先喝一口吸地底，再用手拿取
毛蟹蟹腳食用並享用真丈。

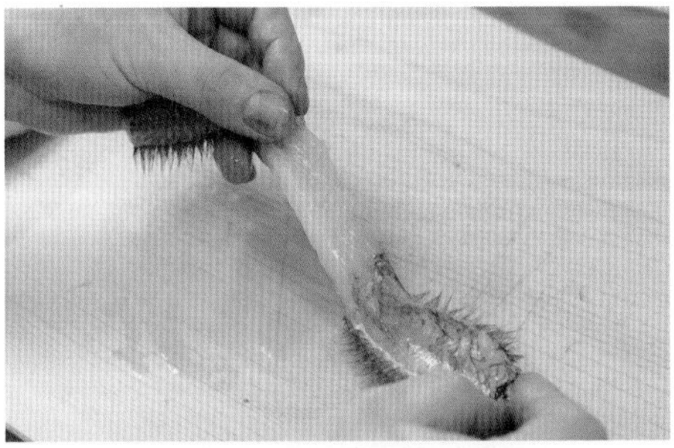

將毛蟹用利尻昆布萃取的高湯涮過。除了毛蟹外，椀種還加了用毛蟹做成的軟嫩真丈。

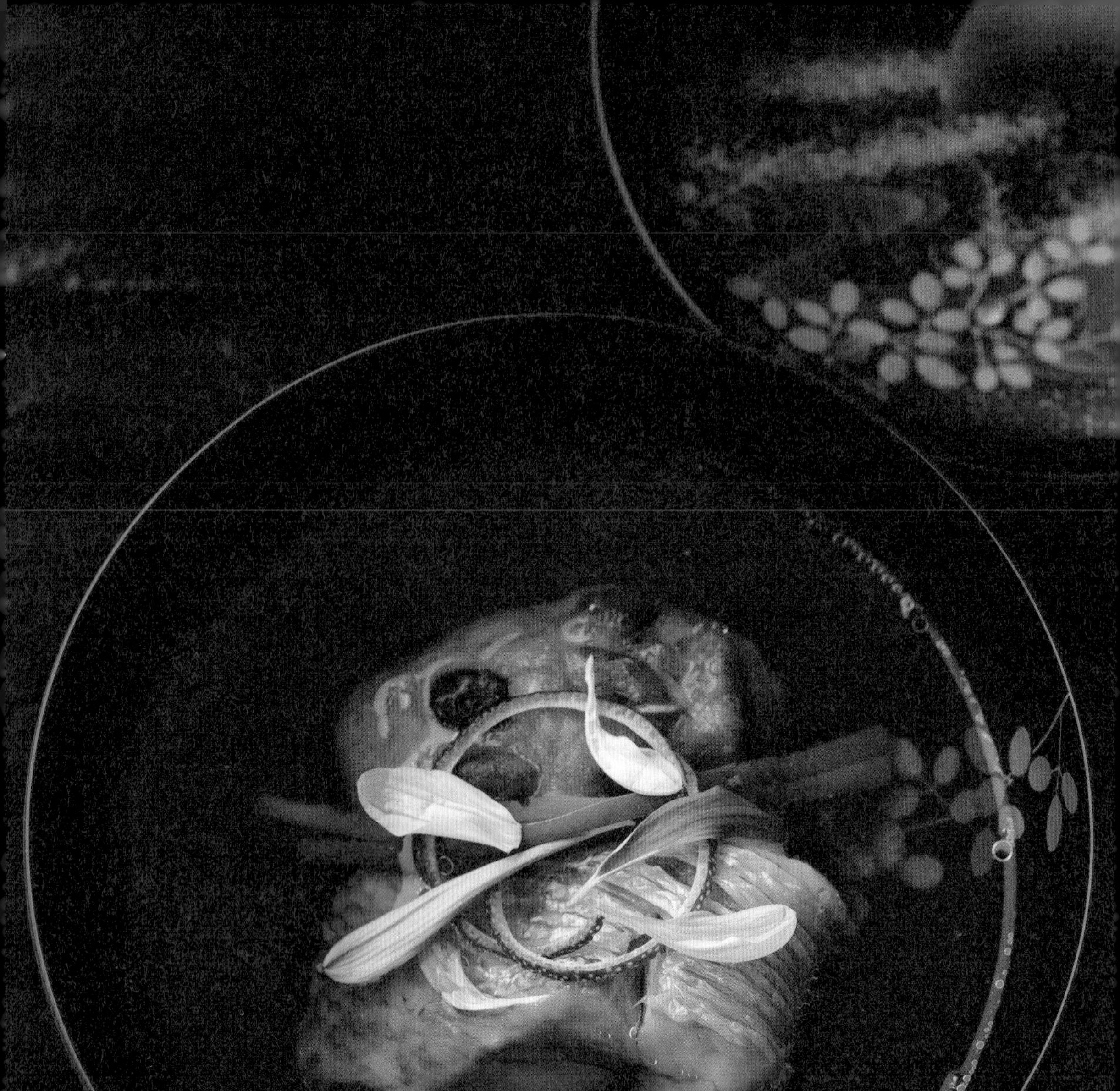

富有季節感的秋季之椀。使用馬頭魚和萩蓮藕丸[40]兩種經典椀種，再以雙色菊花瓣點綴使其浮於椀內。

9月

馬頭魚　萩蓮藕丸
飾菊花

四季豆　柚子圈

40 日文原文為萩蓮根，用蓮藕泥做成的丸子。

散落的一片菊瓣就會左右整體設計。
所有料理都適用的原則是盛盤時要擺在
距離器皿中心朝自己反方向一釐米的地方。

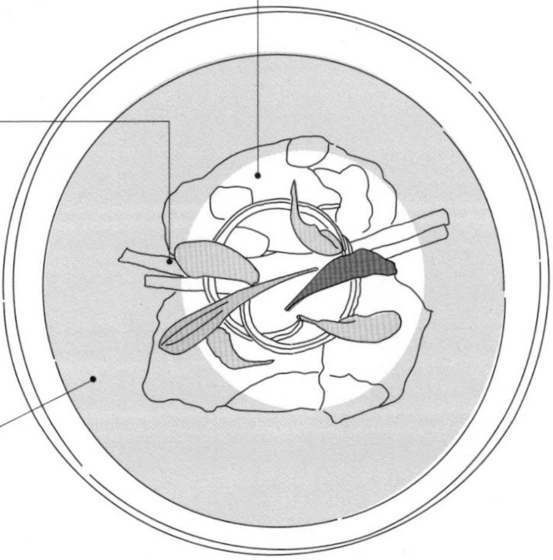
擺盤並非單純將食材盛盤就好，而必須擺出均衡的美感。
要讓人一掀開蓋子便可感受到季節之趣。這就是雙色菊花的功能。
椀種和高湯要互相配合，並重視椀種大小及高湯量之間的平衡。

土瓶蒸自古以來就是日本料理的經典菜色。讓松茸、毛蟹真丈、馬頭魚的美味滲入五臟六腑之中。

土瓶蒸
毛蟹真丈
松茸　馬頭魚

德島酸橘

10月

將秋天的景色及香氣牢牢鎖住的土瓶蒸中有著其他料理無法呈現的複合式美味。

說不定那就是身體所渴望的季節滋味。

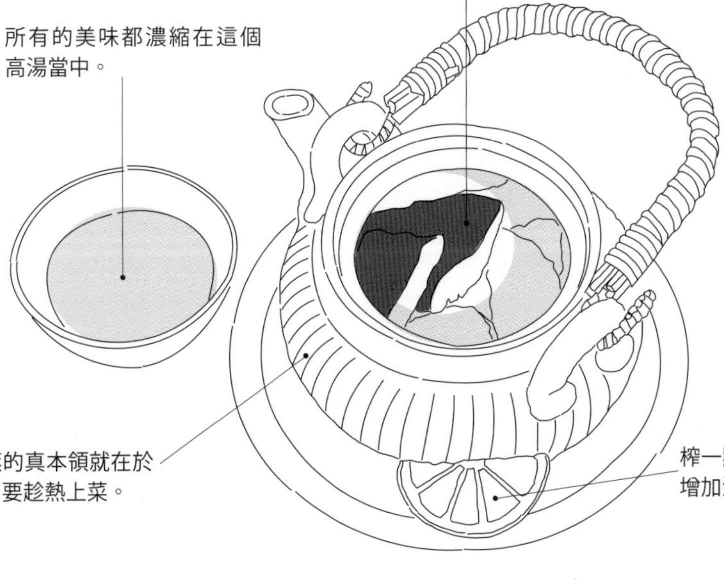

將秋季土瓶蒸中不可或缺的松茸豪邁地切成大塊，與毛蟹真丈及馬頭魚完成豪華的組合。
所有的美味都濃縮在這個高湯當中。
土瓶蒸的真本領就在於香氣。要趁熱上菜。
榨一點德島酸橘進去，增加清新的香氣。

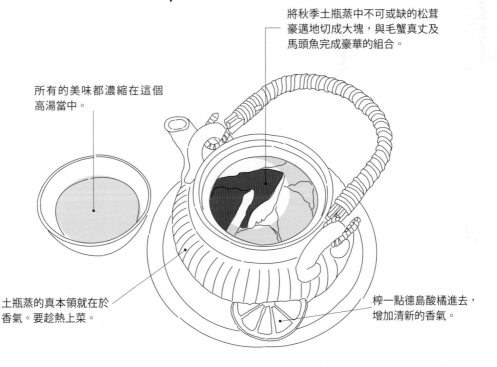

擺入三種不同口味的丸子，除了高湯的美味外，還可享受變化豐富的椀種。

三色丸　11月

帆立貝真丈　蝦肉飛龍頭[41]
蓮藕丸　開傘[42]松茸
鴨兒芹　德島酸橘

41 用豆腐加蔬菜做成的炸丸子。
42 日文原文為開き松茸，指蕈傘內側膜完全裂開的松茸。

思索嶄新椀種時所誕生的
前所未見
用俯瞰角度去觀賞的椀。

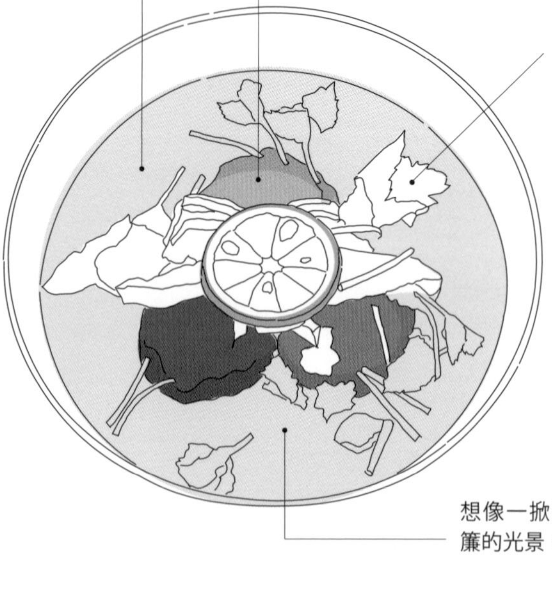
為了維持椀的格調，必須思考高湯注入時相對於椀種的高度。1釐米的偏差就會影響到完成度。
將真丈做成方便入口的一口大小。
有些要素要排列得有條不紊，而有些要素要擺得自然不造作。
想像一掀蓋後躍入眼簾的光景。

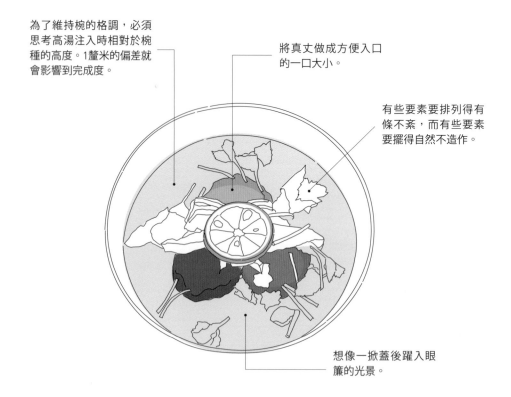

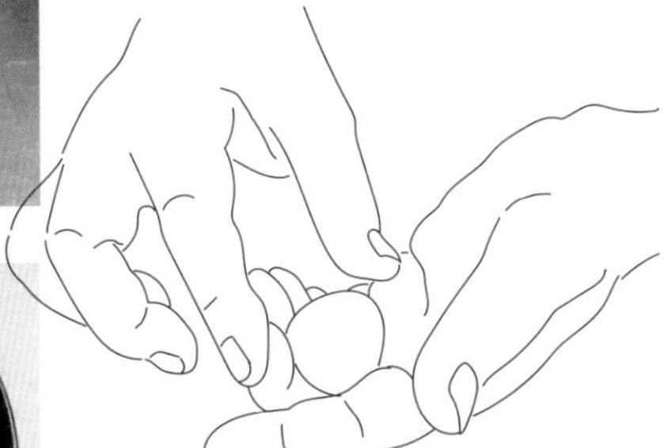

將飛龍頭、蓮藕丸、蝦真丈
用手掌搓揉成相同大小。

吸地底中加入切成薄片
的開傘松茸及鴨兒芹快
速煮一下。

事先將椀種的香氣轉移
到高湯中，讓完成時整
體的味道更有統一感。

椀中風光 十二月份

椀被稱爲日本料理的「亮點」。正可謂是日本料理的精髓所在。透過描繪了一月到十二月每個月的節慶及儀式、不經意的花草等花樣的蒔繪，呈現出當月美不勝收的景色及風情。

因此本店每個月都會更換上菜時使用的椀。由於煮物椀是亮點，故不選用小尺寸的椀，而是選擇達到相當尺寸並能徹底呈現料理的骨幹及存在感的椀。我認爲只有這樣，蒔繪上筆法的流動才比較大方，也更能讓客人感受到日本的美學及藝術性。

椀包括盛裝於其中的料理在內，都必須保有格調。偶爾我也會求新求變做出大膽的挑戰，但都建立在不失格調的前提之下。椀與料理的關係就好比和服與腰帶、帶留[43]等之間的關係一樣，椀的美學和必須要所有要件都齊備才算完成「和服的美學」也有所相通。

43 和服配件之一，腰帶扣。

一月
結柳與椿蒔繪椀

二月　溜塗鶯宿梅蒔繪椀

三月　海松貝蒔繪椀

四月　明月椀

五月　藤蒔繪椀

六月　紫陽花蒔繪椀

七月　月與夕顏蒔繪平霞型椀

八月
銀溜平霞型椀

九月　溜塗月與萩蒔繪椀

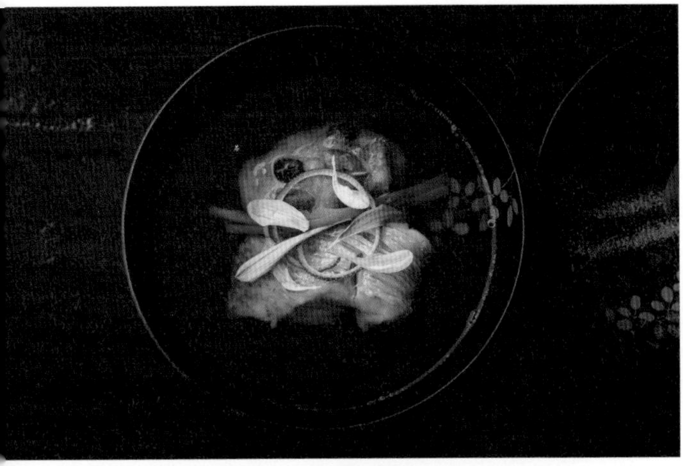

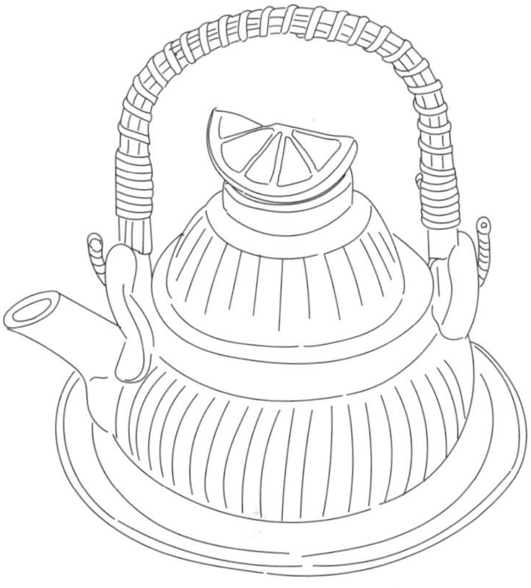

十月　土瓶蒸

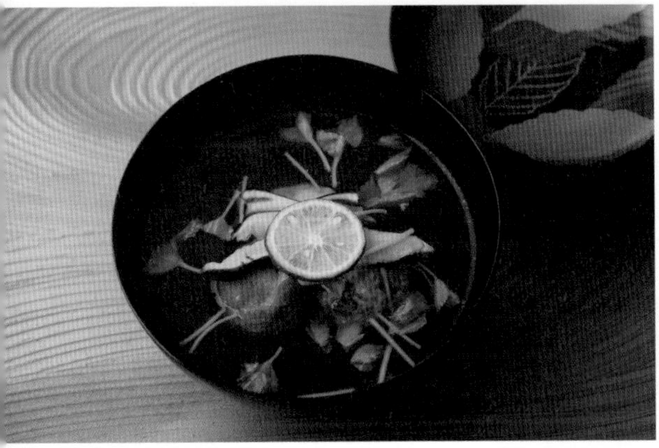

十一月　木葉蒔繪椀

十二月　雪與南天蒔繪椀

造り

第三章 造身

設計刺身

此處我想跳脫出造身搭配山葵及醬油食用形式的思考方式。也就是轉為「設計刺身」的思維。因此除了用柳刃所切削出清爽俐落的美麗刺身之外，我覺得偶爾豪邁地用面的觀點來看，做出充滿戲劇性高潮的造身也不錯。

以「昆布締盤」為例，昆布締處理過的數種刺身分別搭上黃身醋、梅肉、鹽昆布、柑橘醋蘿蔔泥醬油“。不沾醬油，而是使用昆布高湯凍等配料，讓客人直接享用。雖然是刺身卻有著各色各樣的滋味變化，這道菜色也可當成下酒菜。

我覺得搞不好有很多人已經吃膩了隨處可見的刺身，所以在設計這次的造身時，禁止使用山葵和醬油，而做出的成品也讓我得以一窺全新的世界。

“ 日文原文為ちり酢，一般來說ちり酢和ぽん酢都指柑橘醋醬油，但作者的ちり酢是指由蘿蔔泥、檸檬汁、濃口醬油和煮去酒精成分的日本酒所製成；而ぽん酢則是柑橘類果汁加濃口醬油所製成。

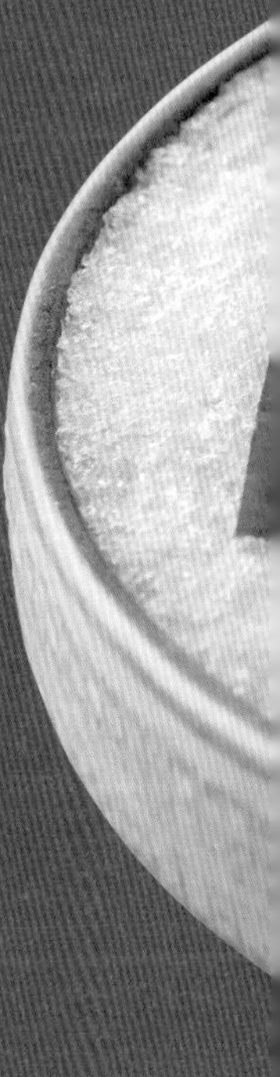

喜慶之造　1月

鮪魚　鮪魚白肉　水針　醋漬鯖魚

明蝦　花枝　海膽　生青海苔

紅心蘿蔔[45]　山藥　紅蘿蔔捲劍[46]

膨大海寒天　梅肉昆布高湯寒天

黃身醬油　紫蘇穗　紫芽

呈現了新年的華美絢爛，同時又高雅大方的喜慶之造。

45 日文原文為紅芯大根。

46 日文原文為より，生魚片配菜常見的切法之一。將蔬菜切絲後繞牙籤弄捲再泡水使其呈螺旋狀。

最上方放上喜氣的明蝦。
由於擺盤時是由下而上
因此如何擺放下方的食材
便可決定從上方看起來的外觀如何。

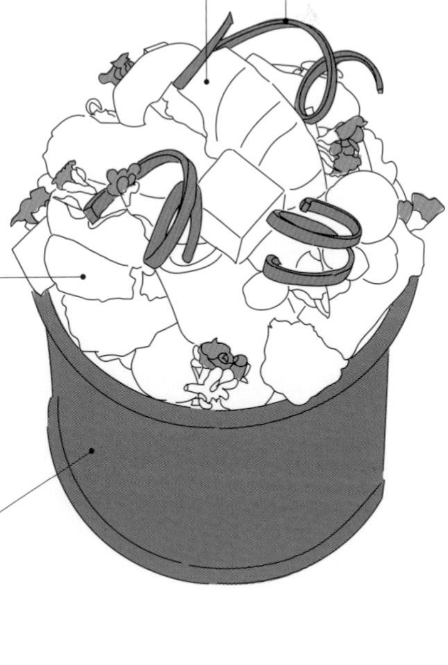
呈現過年熱鬧華麗氣氛的造身。運用紅蘿蔔捲劍來增添躍動感。
圓筒型器皿的頂部最為關鍵。要預測、解析客人下筷的動向去思考味道的種類變化。
乍看之下隨興不造作，但其實每一片食材的形狀、色彩以及切成一口大小的尺寸都是經過計算的結果。
在漆器的筒中裝入冰塊，表現出冰涼及新鮮感。

昆布締盤　2月

比目魚（鮟鱇魚肝佐柑橘醋醬油）
金目鯛（柑橘醋蘿蔔泥醬油）
牛角蛤（梅肉）　花枝（拌鹽昆布）
海膽（山葵鹽）　水針（黃身醋）
明蝦（生海參腸）　赤貝（醬油洗[47]）
蕪菁　紅心蘿蔔　昆布高湯柚子凍
昆布高湯梅子凍　紫蘇穗　紫芽

47 用醬油稍微醃過。

用昆布上擺得滿滿的造身以及紅白梅枝去呈現二月的景色。各式和海鮮很搭的調味也讓人驚奇不斷。

禁止使用醬油搭配山葵的組合
所做出的造身。

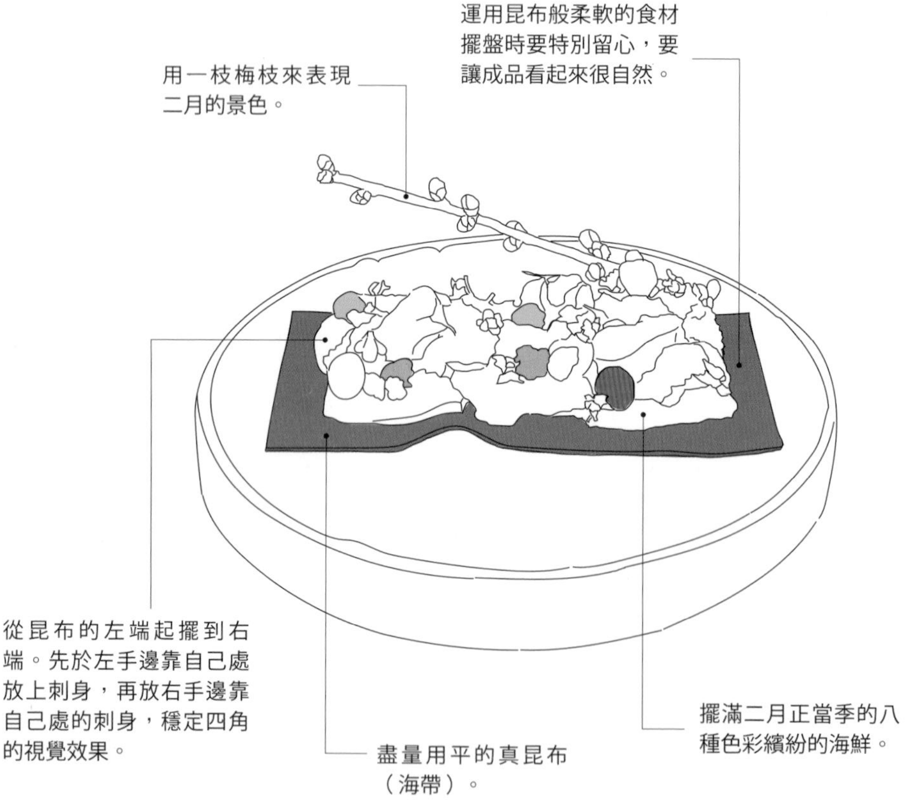
運用昆布般柔軟的食材
擺盤時要特別留心，要
讓成品看起來很自然。
用一枝梅枝來表現
二月的景色。
從昆布的左端起擺到右
端。先於左手邊靠自己處
放上刺身，再放右手邊靠
自己處的刺身，穩定四角
的視覺效果。
擺滿二月正當季的八
種色彩繽紛的海鮮。
盡量用平的真昆布
（海帶）。

擺盤的關鍵在於「左邊角落」。
先將最強而有力的食材擺在那裡
之後再思考如何完成擺盤。

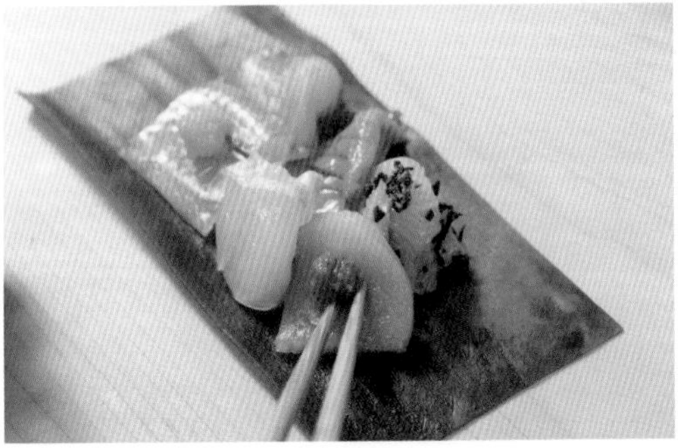

排列八種海鮮時要同時考量色彩以及整體視覺上的平衡。

最後淋上昆布高湯梅子凍以及昆布高湯柚子凍。唯有造身獨有的小宇宙才能靠多彩的魚料及配料讓世界煥然一新。

在天皇娃娃[48]以及皇后娃娃[49]的香合當中盛入春天的海鮮。渾圓飽滿的赤貝和女兒節最為相襯。

女兒節　3月

—赤貝　海帶芽　二杯醋
—比目魚昆布締　拌生烏魚子
—水針　拌防風海苔

48 日文原文為お内裏樣。
49 日文原文為お雛樣。

一看就知道是造型是
源自三月的節日女兒節的造身。
能夠運用這樣的器皿
亦是日本料理的深奧之處。

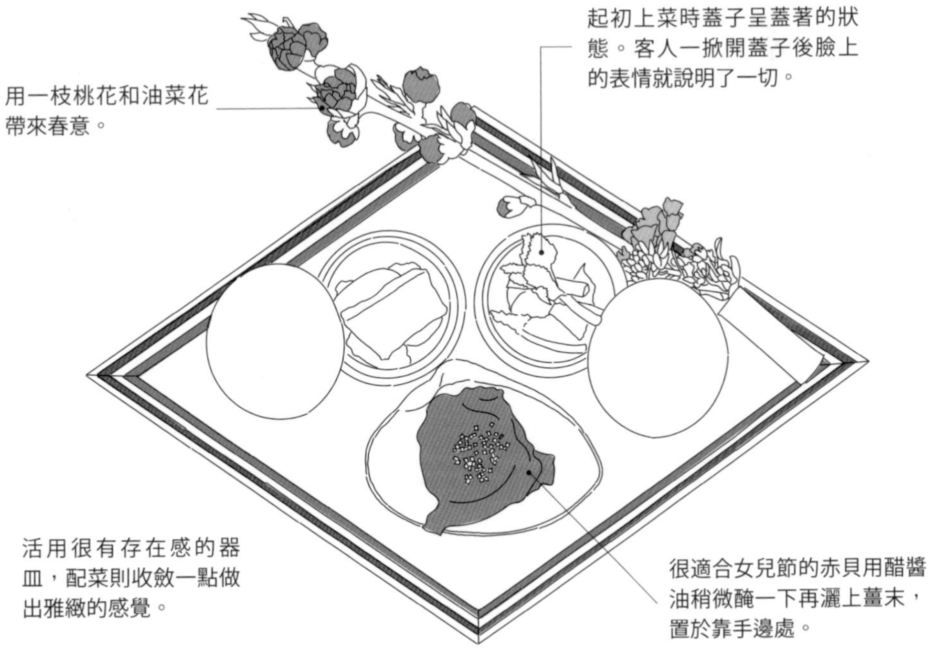
起初上菜時蓋子呈蓋著的狀態。客人一掀開蓋子後臉上的表情就說明了一切。
用一枝桃花和油菜花帶來春意。
活用很有存在感的器皿，配菜則收斂一點做出雅緻的感覺。
很適合女兒節的赤貝用醋醬油稍微醃一下再灑上薑末，置於靠手邊處。

光琳笹[50] 賞花盤 4月

—稻燒[51]鰹魚　蔥醬油　蘘荷
芽蔥　紫蘇　紫芽　白蘿蔔泥
—赤貝　海帶芽　小黃瓜　二杯醋[52]
—真鯛海膽捲　煎酒凍
—櫻花鱒　櫻葉飯糰
生薑細絲　花瓣白蘿蔔

50 一種食器，上了金箔的竹皮。據說發明人為尾形光琳，故名。

51 日文原文為たたき，常見譯名為半敲燒或土佐燒，盛行於四國一帶的炙燒方式，原使用稻草所生之火源，然今日多採用其他火源，此處作者特地加入稻草顯示是採最正統的稻草燻烤法。

52 混合醋的一種，由淡口醬油、濃口醬油、醋混合而成。通常會煮沸後冷卻再使用。

用一枝櫻花帶來春意，擺出一盤春心蕩漾的造身。所有的料理都可以直接食用，這點也很有賞花的感覺。

要盛裝什麼料理在
放了上金箔的竹皮之器皿裡呢。
用類似八寸的擺盤
來呈現符合尾形光琳賞花之趣、
別緻大方的表現手法。

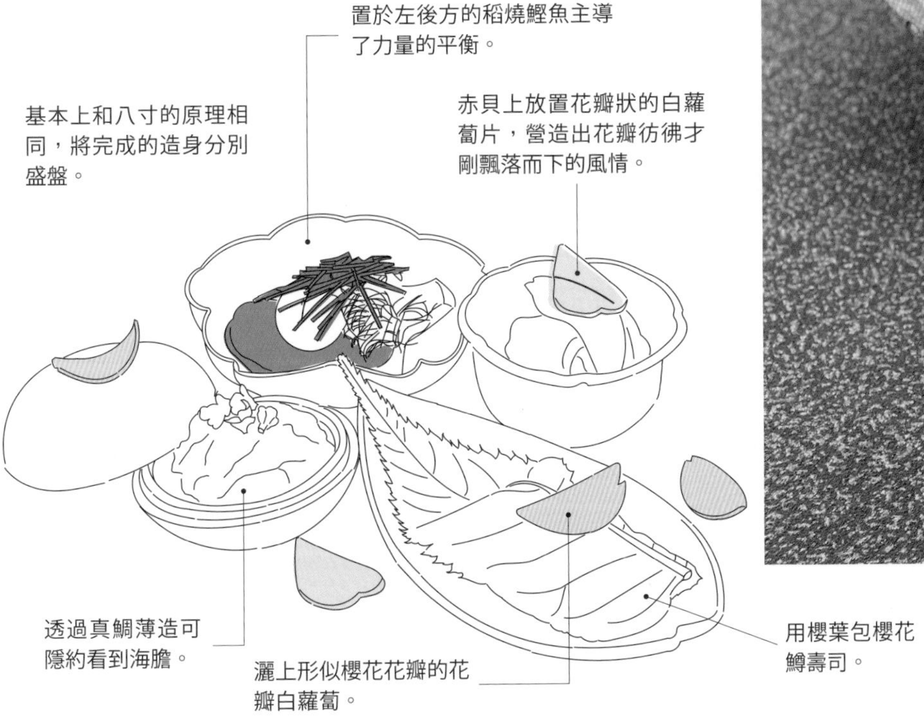
置於左後方的稻燒鰹魚主導了力量的平衡。
基本上和八寸的原理相同，將完成的造身分別盛盤。
赤貝上放置花瓣狀的白蘿蔔片，營造出花瓣彷彿才剛飄落而下的風情。
透過真鯛薄造可隱約看到海膽。
灑上形似櫻花花瓣的花瓣白蘿蔔。
用櫻葉包櫻花鱒壽司。

盛裝於玻璃盤上晶瑩剔透的星鰈[53]十分美麗，巧奪天工的薄造奪走了眾人的目光。

星鰈 薄造 7月

鰭邊肉 肝 膨大海寒天

紫芽 山藥 小黃瓜

柑橘醋醬油 青蔥

將星鰈細膩之美
發揮到極限。
將魚片一片一片疊成扇子形
一切的關鍵全繫於展開的角度。

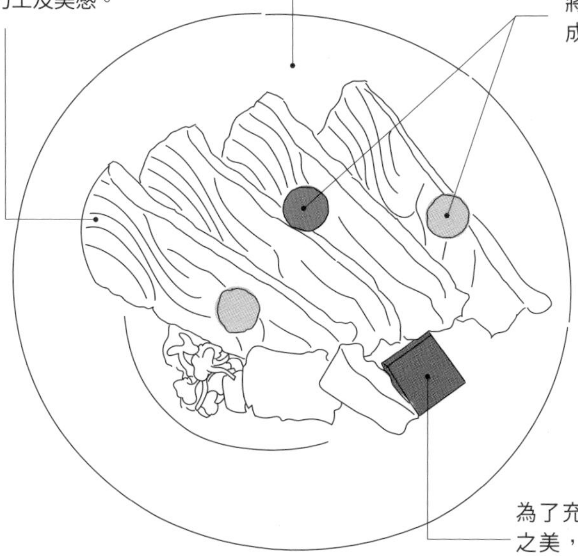

採用玻璃器皿，展現出清涼感。
正因為極其簡單，更講究熟練的刀工及美感。
將山藥和小黃瓜挖成球狀。
為了充分襯托出星鰈之美，用膨大海寒天裝飾。

53 學名Verasper variegatus 江戶前壽司中愛用的魚，但近年東京灣數量遽減已很難捕撈到須從其他地方運來。

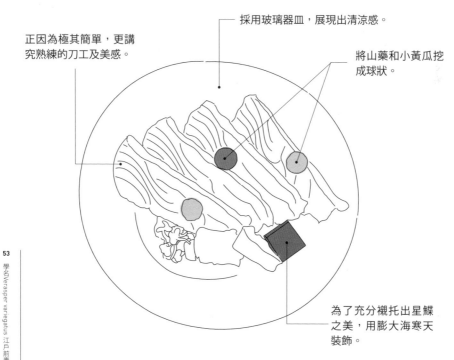

加賀大黃瓜盤　8月

—鰹魚　蒜薑醬油　和芥末

—鰈魚　小黃瓜昆布締捲　柑橘醋蘿蔔泥醬油

—蔬菜捲[54]竹筴魚　黃身醋

—石垣貝拌海苔

梅子寒天　海苔寒天　小黃瓜花[55]

山藥　小黃瓜　紫芽

54 日文原文為砧巻き，用蔬菜捲起魚或肉的烹調手法。

55 日文作花丸胡瓜。

若無法於腦中浮現自己的設計圖
就無法完成自然美麗的擺盤。
正因為有比外觀還要細緻縝密的計算
才得以撼動人心。

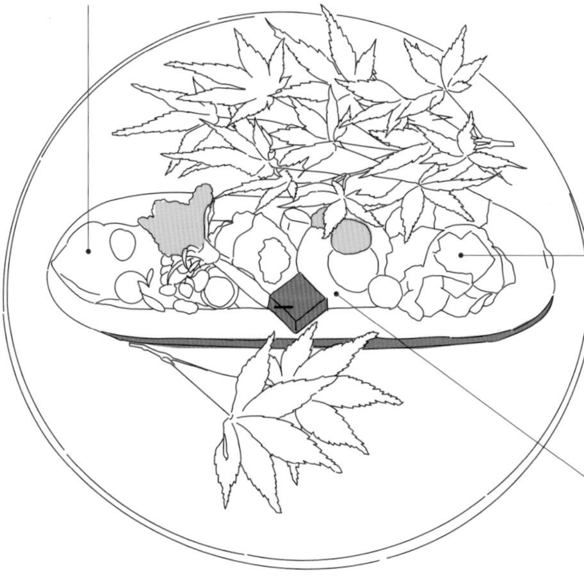

左端先擺最強而有力的鰹魚。
石垣貝擺盤時形狀要飽滿，並稍微溢出瓜外。
如何填補高低差及縫隙，就要靠配菜之助了。也可光靠一項配菜就呈現出強弱之分。
用蔬菜捲竹筴魚增添動態的表情。

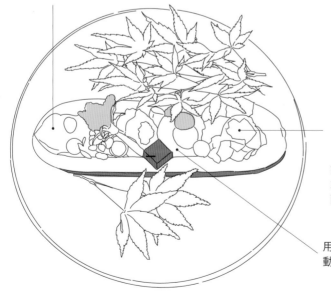

橫笛盤　9月

—黑鮪魚腹肉　山葵鹽
—真鯛棒造[56]　生海參腸　湯引鯛魚皮
—明蝦　鴨兒芹　拌海苔
—秋刀魚　醋味噌拌蔥
菊花寒天　澎大海寒天　白蘿蔔
櫻桃蘿蔔　紫芽　山藥

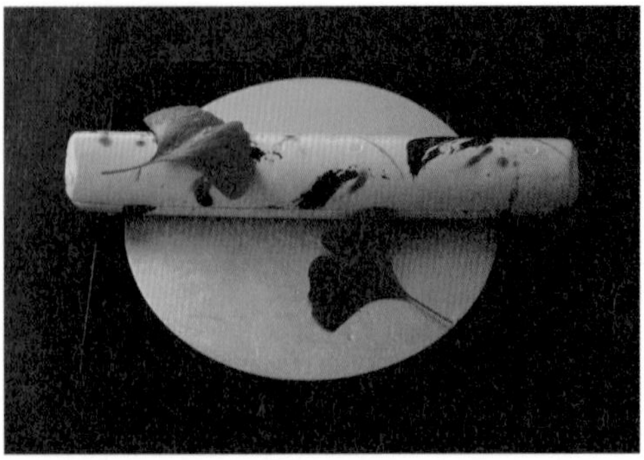

56 生魚片刀法的一種，將魚料切成長條狀的魚片。

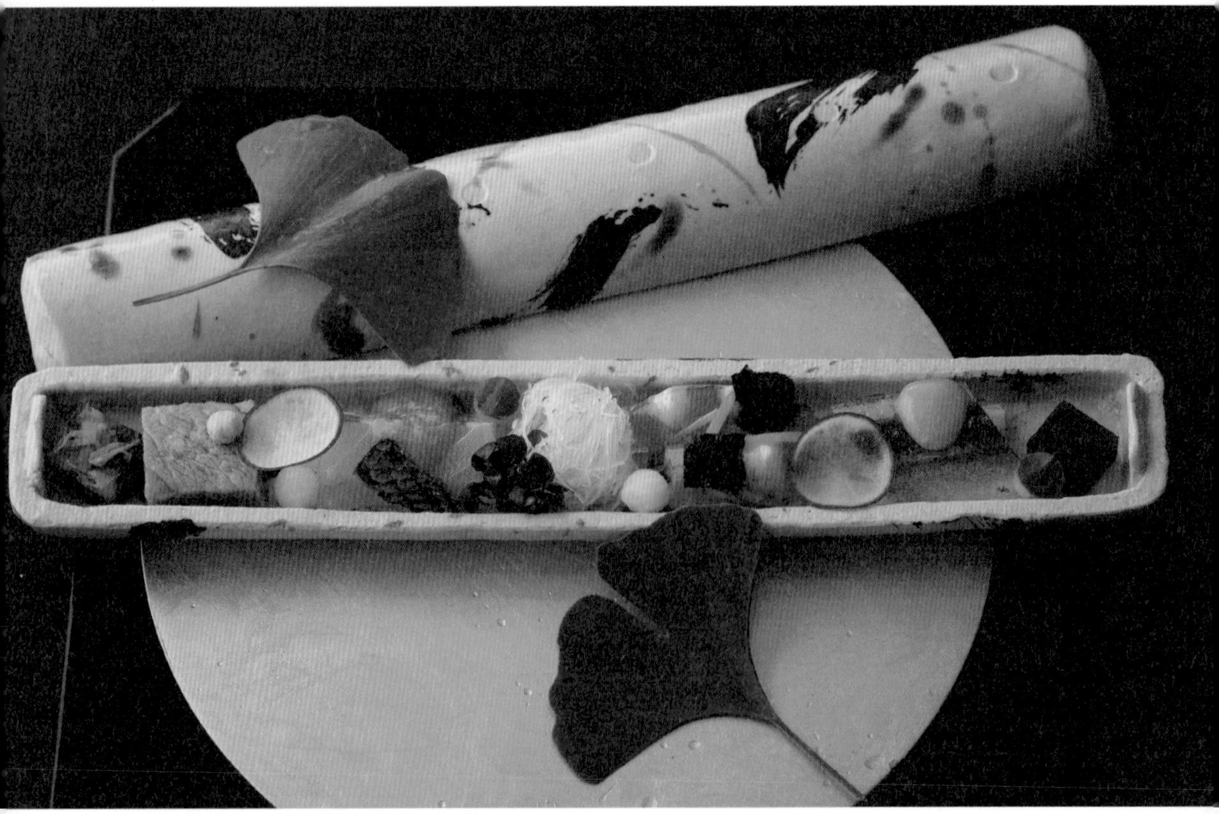

橫笛上秋季佳餚一字排開，為筵席增添了歡樂又繽紛的氣氛。

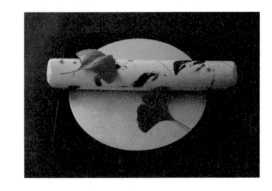

使用橫笛器皿擺盤時最好要整齊，
如此才能加強料理的力道，
讓食材看起來活潑又生氣盎然。
要能妥善掌握奇形的器皿，
磨練箇中的平衡美感。

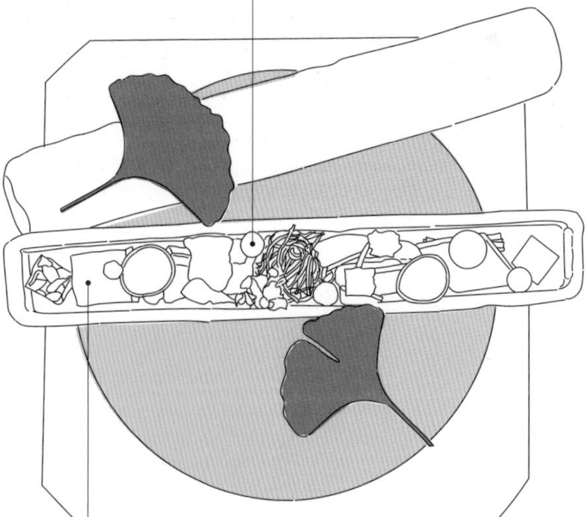
製造掀蓋時的驚喜感。水平一字排
開的造身就像寶石般映入眼簾中。
左起依序擺上炙黑鮪
魚腹肉、真鯛棒造、
明蝦、秋刀魚。
統一料理的大小，讓料
理都能恰到好處漂亮地
被放置在器皿中。

賞月托盤 10月

—兔盃[57]／龍蝦膾[58]

生海參腸　加減醋[59]

—真鯛昆布締　烏魚子

—黑鮪魚腹肉　生海膽　黃身醬油

—秋刀魚　柑橘醋醬油　朧昆布[60]

57 杯底有白兔的酒杯。

58 日文原文為たたき，將生魚或肉切碎的烹調手法。

59 由高湯、鹽、少許淡口醬油、醋所混合而成。醋亦可用柑橘果汁代替。通常會煮沸後冷卻再使用。

60 醋漬後削成薄片的昆布。

僅靠一個托盤
就將眼前的料理搖身一變
化為賞月台上的盛宴
這正是擺盤的魔法。

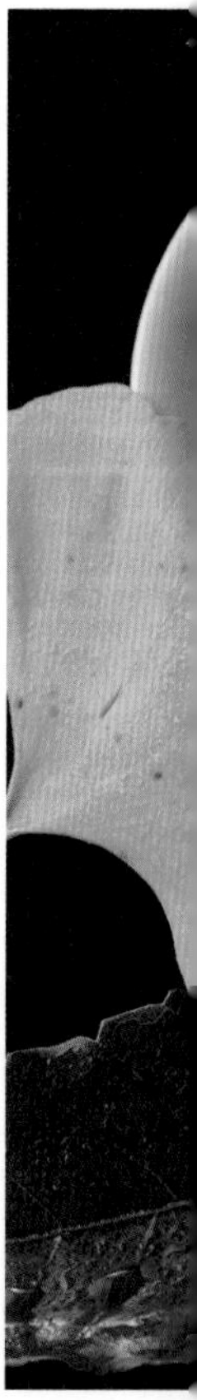

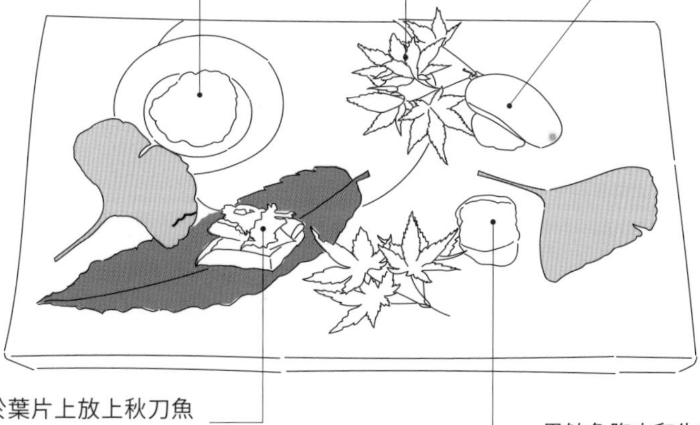
兔盃中盛入龍蝦膾、生海參腸及加減醋。
擺出紅葉飄飄舞動之感。
真鯛昆布締和烏魚子。
於葉片上放上秋刀魚和朧昆布。
黑鮪魚腹肉和生海膽。

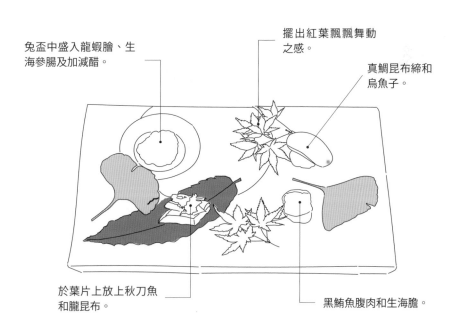

河豚的鮮味在口中一口氣爆發，讓人一口接一口的珍饈。

河豚薄造 12月

白子 魚皮煮凍[61] 柑橘醋醬油

青蔥 紫蘇穗 紫芽

61 煮凝り，將膠質豐富的魚或肉的煮汁冷卻後凝固成凍狀的魚凍或肉凍。

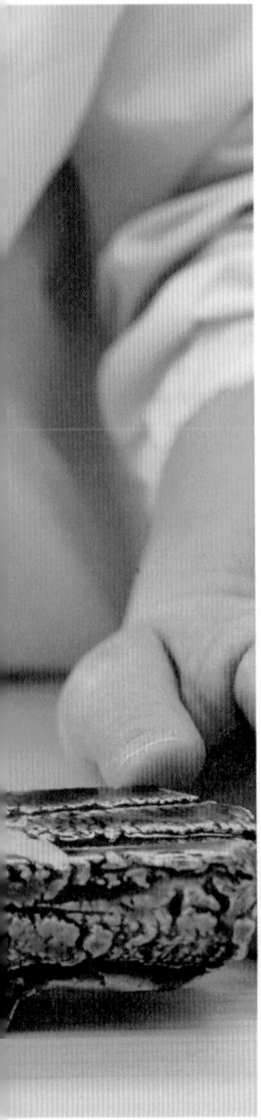

將薄造縱向排列的趣味。
前所未見的細長型織部長皿
相當有設計感。

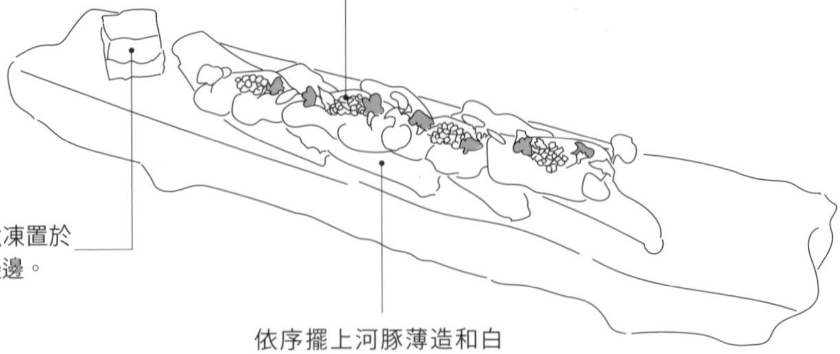
均勻擺成讓人一口就能吃到河豚魚片、白子、煮凍等所有料理的狀態。
將煮凍置於最邊邊。
依序擺上河豚薄造和白子，再放上青蔥、紫蘇穗、紫芽。

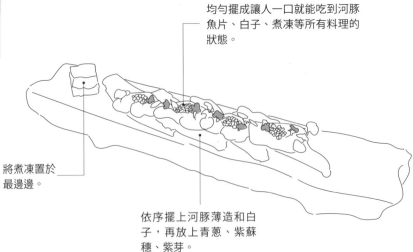

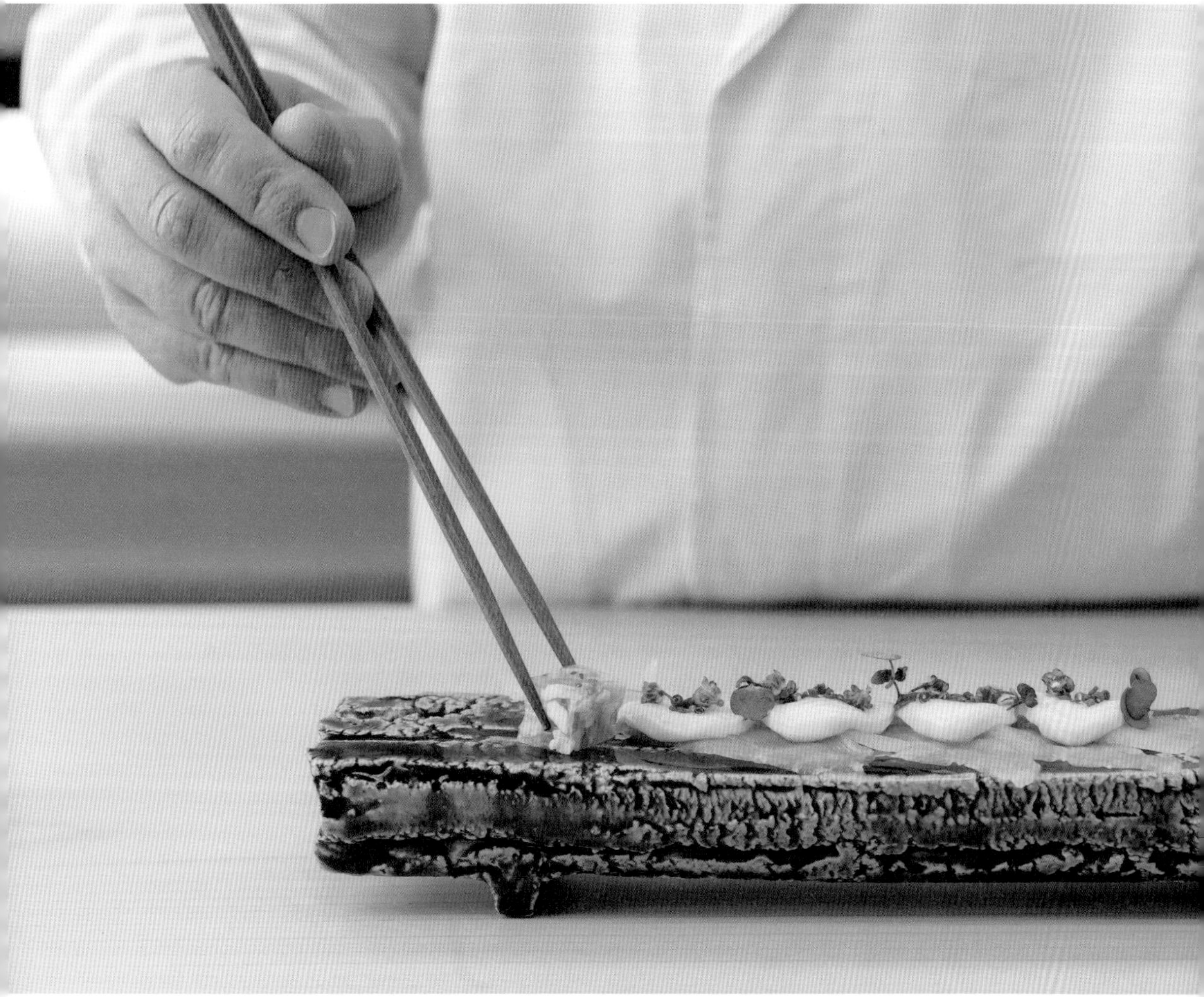

用織部長皿裝飾薄造，看起來就如畫框。

最後放上煮凍即成。

季節料理

自從開始推出每個月不同的菜單，我都會特別留心務必在料理中呈現出當月的儀式或祭典。

日本料理中反映了濃厚的日本歷史文化，因此就算加入了自己獨特的巧思設計，還是要確實守住精髓之處，保留一定得留下的重要部分。

睦月

睦月 祝八寸——羽子板

如月

如月　八寸—繪馬盤

弥生

彌生　椀—隱蛤

卯月

卯月

主食—賞花飯糰兩種

皐月

皐月

菖蒲八寸

水無月

水無月

造身—過茅輪

文月

文月

造身—湯引狼牙鱔

葉月

葉月

付出—蓮葉盤

長月

長月　重陽菊釜八寸

神無月

神無月　月見八寸

霜月

霜月

造身、吹寄[62]——鮪魚 比目魚 軟絲

師走

師走

付出——香箱蟹

62 吹寄之名來自秋風將落葉吹成一堆的樣子，指將數種煮物或炸物盛裝成一道料理的拼盤。

凌ぎ中皿

第四章 御凌中皿

銀彩四方皿
山口真人・作

削減之美

「御凌」[63]（小碟料理）與「中皿」[64]的定位在於接續前半與中段，又或者為局面帶來轉折的料理。御凌必須將功夫濃縮於少量的餐點中，譬如單單一隻涮蟹腳或者一口就可以吃完的小塊炸鮪魚。

但像是箸休[65]感太強的料理，我感受不到什麼魅力。我不會出像是稍微燙過的蠶豆或是蔬菜摺流這種菜色，而是選擇投出「高湯涮松葉蟹」這種變化球來吸引客人。若是由我操刀，說不定就連「芝麻醬拌菠菜」也會看起來像變化球吧（笑）。而相對起來，中皿的份量較御凌來得多，是骨幹紮實的料理。

63 日文原文為凌ぎ，會席料理中段之前出的菜，先讓客人墊墊肚子用的少量菜餚。中文翻譯保留御凌ぎ（おしのぎ）」的漢字。

64 料理中段，約烤物和煮物之間上的少量菜餚。

65 日文原文為箸休め，字面上的意思為停下筷子休息，通常是主菜與主菜之間過場用的，具有解膩功能的小菜。

經典螃蟹料理中看不到的洗練感
以及和器皿的搭配方式。

高湯涮松葉蟹 1月

柚子霰

考驗如何將
高湯涮螃蟹這道極其簡單的料理
提升到頂級的境界。

將蟹腳用細長筒型器皿盛裝的新穎創意。黑與紅兩種對比色相互映襯，讓兩者都很突出。

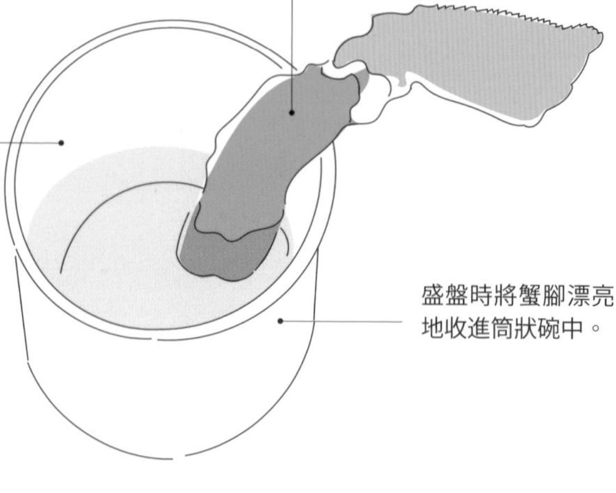
擺盤的重點在於垂在碗外的蟹腳之美。
由於看不見筒中的部分，因此更要突顯看得到的視覺效果。
盛盤時將蟹腳漂亮地收進筒狀碗中。

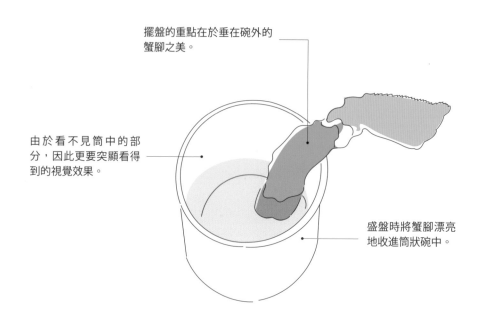

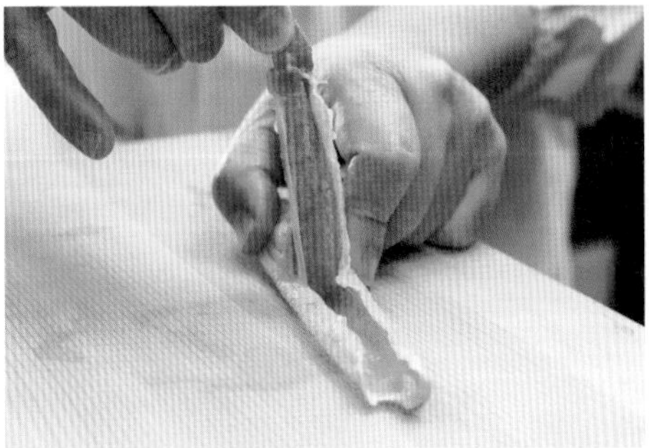

可多重享用冬季豪華食材松葉蟹蟹肉的一道料理。吃完蟹肉後，細細品嘗一滴也不剩地溶入高湯中的螃蟹鮮味。

龍蝦 河豚白子 烏魚子

2月

說到底這個器皿本身就很引人入勝，因此搭配豪華又奢侈的食材做成三拼來呼應對器皿本身的期待。

內側貼有金箔的寶樂附蓋碗。碗蓋上貼有喜氣洋洋的「立春大吉」的紙條。

放上一片半生熟的自製烏魚子，稍微藏住一部分龍蝦和河豚白子[66]。

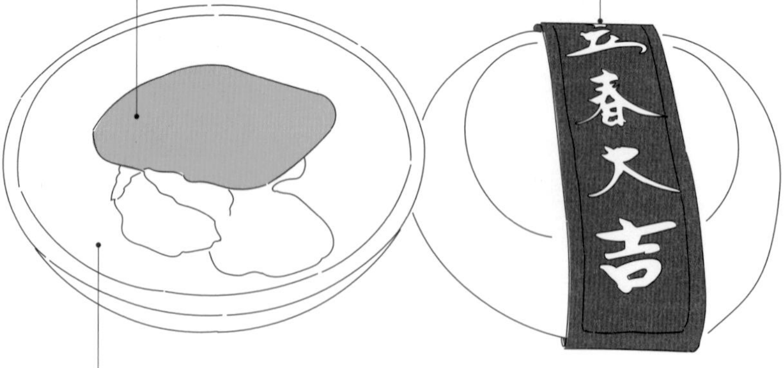

一掀蓋映入眼簾的就是光彩奪目力道十足的料理，若欠缺了驚奇這個要素就無法達成這個效果。

66 精囊。

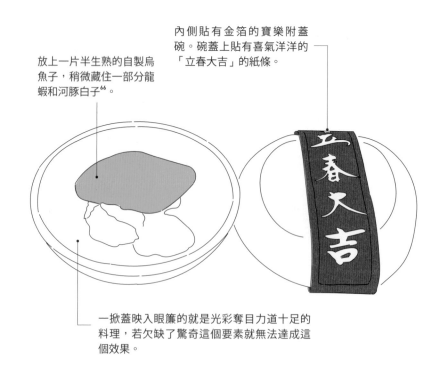

龍蝦添上大塊的烏魚子與最強而有力的河豚白子。搭配器皿呈現出豪華的氛圍。

蒸鮑魚 鮑魚肝可樂餅 6月 鐵砲串[67]

鮑魚肝醬

使用夏季當令的鮑魚打造出前所未見的組合。

67 一種竹籤。

「御凌」肩負連結前半與後半菜單功能
在此擺上兩種料理做出對比。
讓人意識到整體極致的平衡。

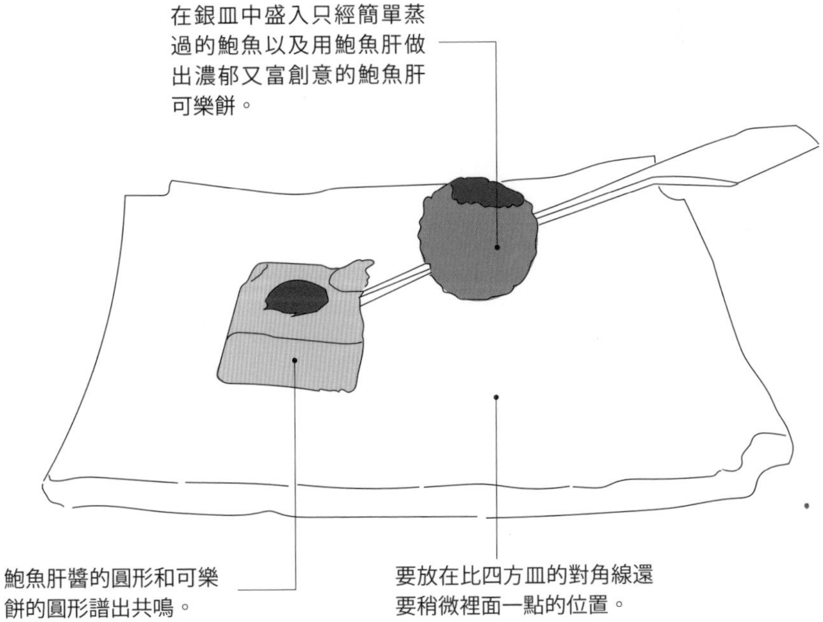
在銀皿中盛入只經簡單蒸過的鮑魚以及用鮑魚肝做出濃郁又富創意的鮑魚肝可樂餅。
鮑魚肝醬的圓形和可樂餅的圓形譜出共鳴。
要放在比四方皿的對角線還要稍微裡面一點的位置。

7月

炸生海膽海苔捲
黑鮪魚腹肉澤庵　蛋黃醬汁
炸黑鮪魚腹肉
生海膽　香味海苔

於右手邊放上炸生海膽及黑鮪魚腹肉澤庵[68]。左邊則是炸黑鮪魚腹肉和生海膽。

68 加了米糠醃製而成的蘿蔔。

我思索了在做御凌時使用鮪魚
打造出嶄新創作的可能性。
偶爾也要像這樣玩心大發一下
刺激客人的想像力。

兩道料理都是上冷下熱。
享受溫度於口中擴散的樂趣。

提供兩個東西時，不要擺上相同的料理，而是選擇有對比性的料理。

炸香魚
南蠻蔬菜淋甘醋芡

8月

用鮮艷的綠黃紅椒做成的圍巾去裝飾炸得
無比香脆的香魚。令人不禁莞爾。

香魚必須要從頭開始吃。
從魚頭到帶有苦味的膽囊之處為止
一口吃進去，
趁其餘韻未散時繼續吃掉剩下的部分。

一般會將淋甘醋芡的南蠻蔬菜從上方倒下去，但這樣就不好玩了。將蔬菜切成相同形狀大小，裝飾出諧趣。

因為吃的時候要用手拿著尾巴去吃，故尾部不淋甘醋芡。

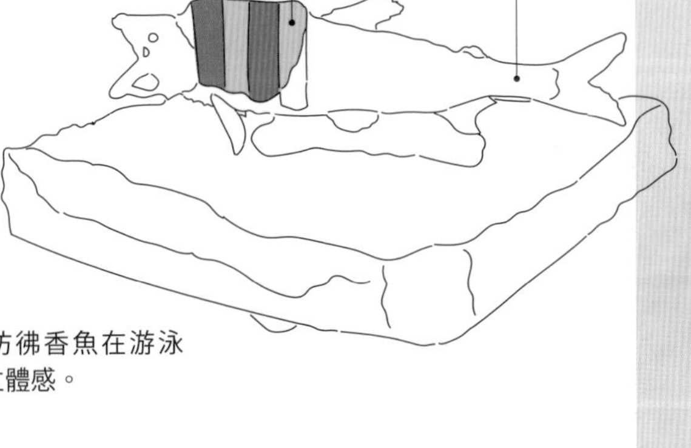

要擺出彷彿香魚在游泳一般的立體感。

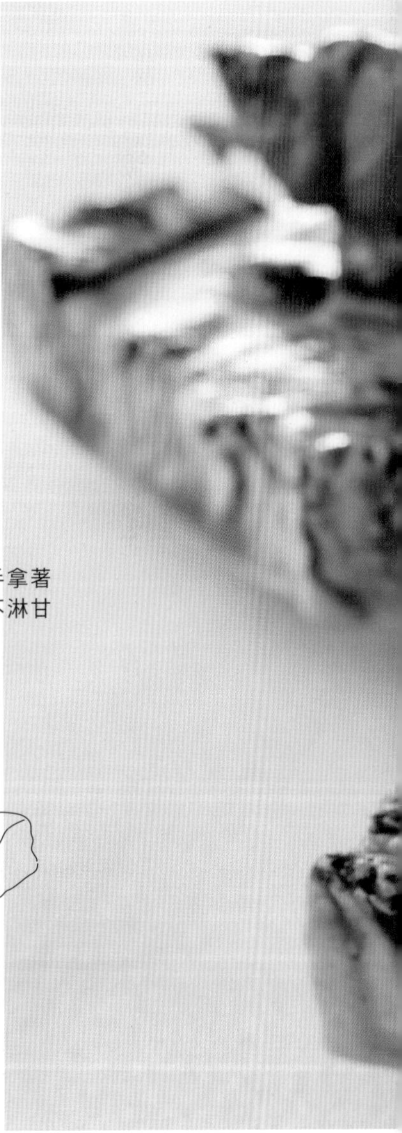

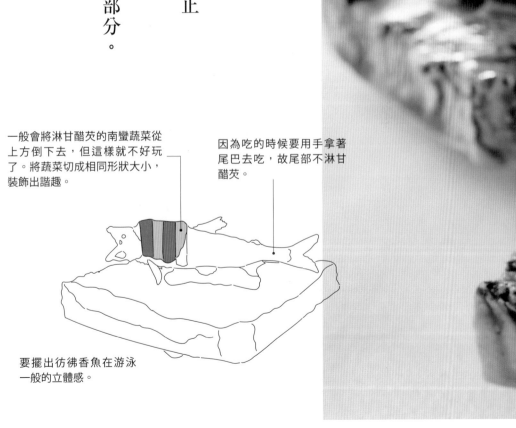

焼物
揚物
強肴

第五章 烤物 炸物 強肴

69

炭火燒烤的精髓 追求的就是強而有力

上「烤物」的時機一般會在刺身之後。位於菜單中段進展到後段高潮之間的菜就是烤物。也因此，無論是魚、肉還是蔬菜，大家對烤物的期待不正是料理的力量以及氣魄嗎。若在此時氣勢弱掉，我個人認為烤物就沒有存在意義了。

就這層意義上而言，烤物通常會運用簡單的炭火燒烤手法去處理有氣魄的野生珍貴食材。雖然味道是人調出來的，但食材本身就帶有香氣。炭火可將食材的香氣藉由燒烤的手法強烈地呈現出來。

若是烤物或「炸物」的創作性太強，客人會因為用腦過度探索箇中意涵而感受不到美味，反而無法留下深刻印象。

此外，就算同樣用「燒烤」的，魚和肉時入口時的感覺還是不大相同。若想轉換口味，也可單用蔬菜去呈現。不要將炸物固定在菜單中，而是根據當月的內容，有必要的時候才納入菜單之中。

69 定位上為另行追加的一道菜，通常是海鮮或肉。

1月

炙燒牛里肌

炸大浦牛蒡[70]
白味噌山葵酒粕

[70] 短根種的牛蒡品種。

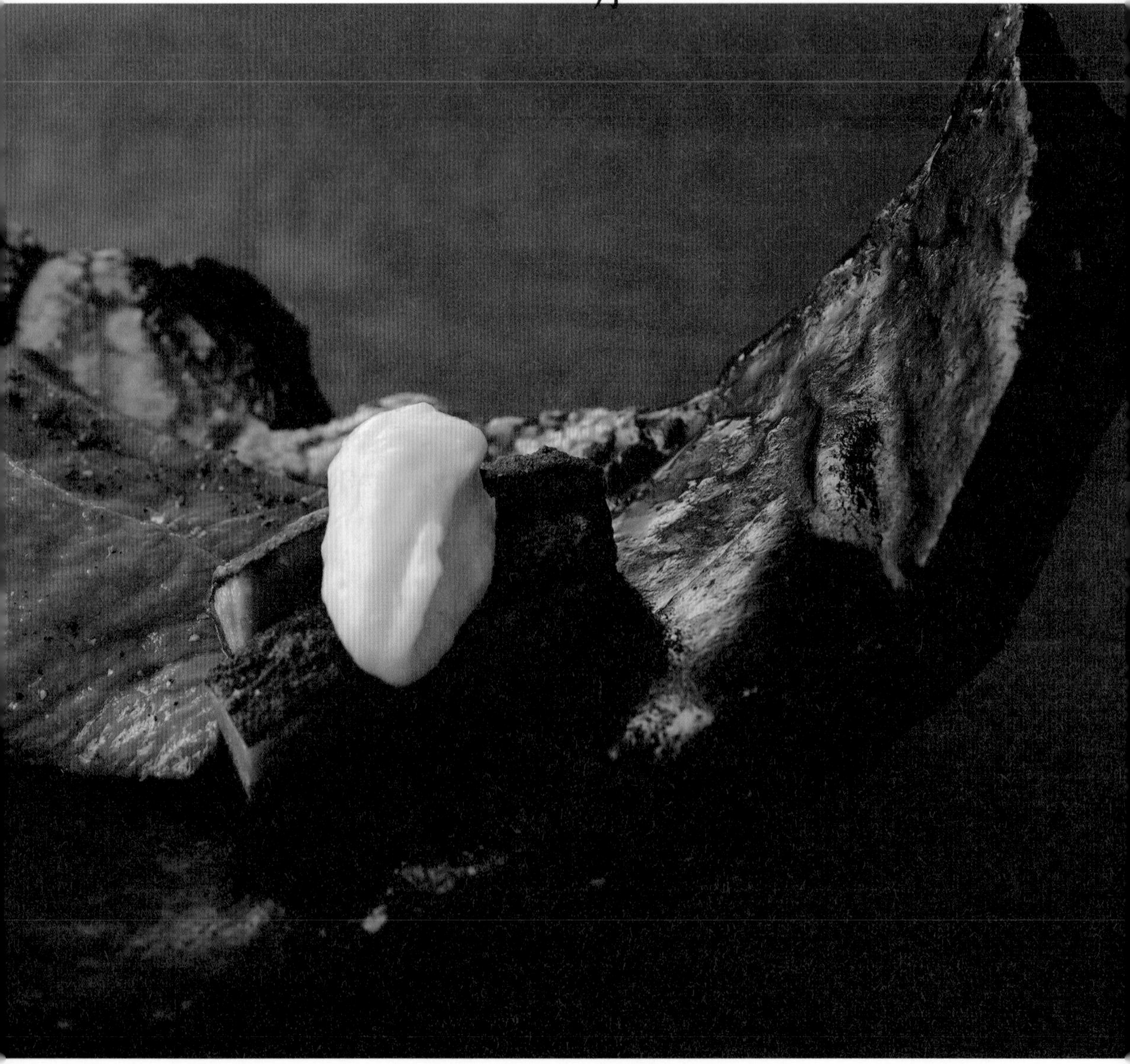

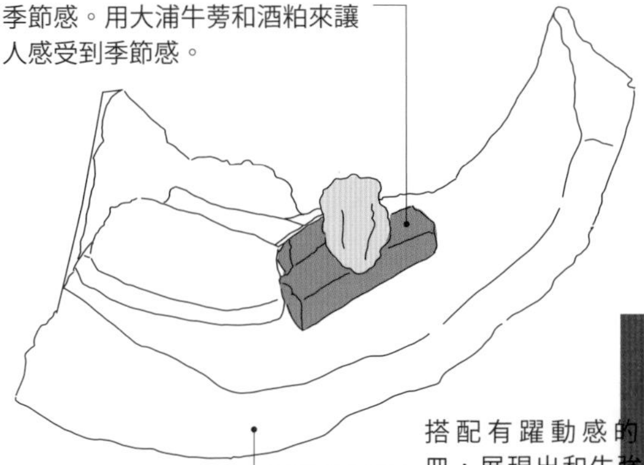
對肉類料理來說不可或缺的就是季節感。用大浦牛蒡和酒粕來讓人感受到季節感。
搭配有躍動感的器皿，展現出和牛強而有力的魄力。

不管再怎麼好吃，
人都無法光靠看著和牛就感受到季節。
對肉類料理而言最重要的就是不要喪失季節感。

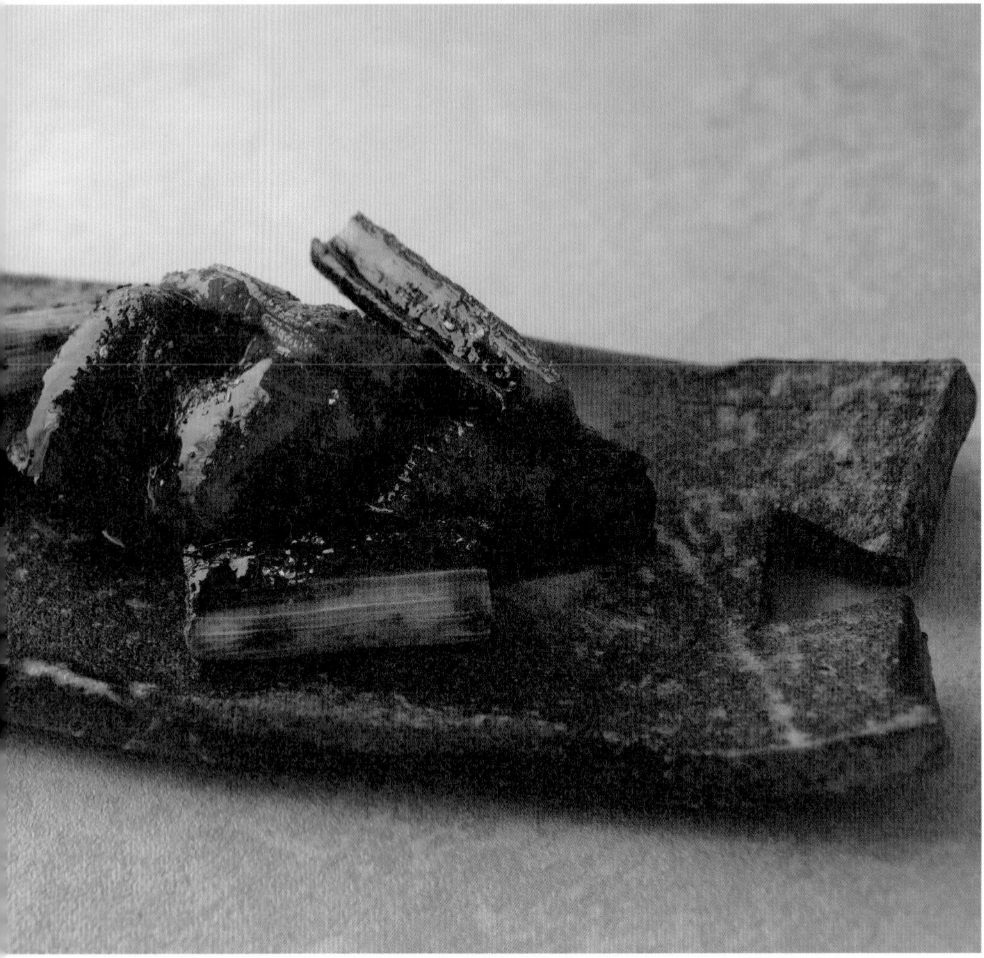

山椒燒野鴨

2月

軟白蔥[71]

牛蒡

柚子胡椒

71 軟白栽培的蔥，蔥白部分較多、甜度較高。

野生鴨肉正是力量的展現。
仔細品嘗
備前的器皿和野鴨的絕妙搭配。

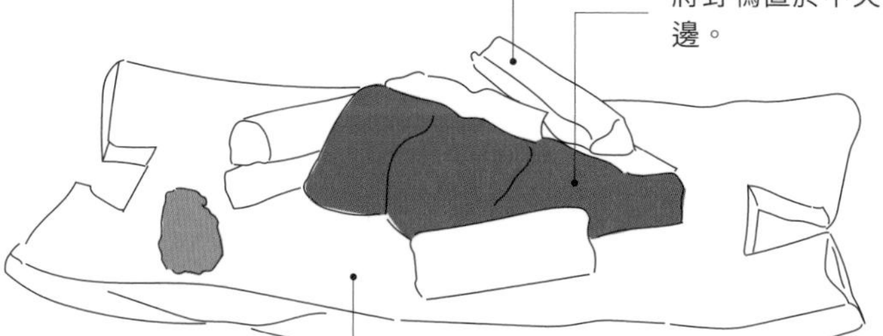
搭配和野鴨很對味的軟白蔥及牛蒡，在口感及滋味上做出弛張之差。
將野鴨置於中央，蔬菜盛在旁邊。
用以輔助料理，具有野性又強而有力的器皿亦是一大眼福。

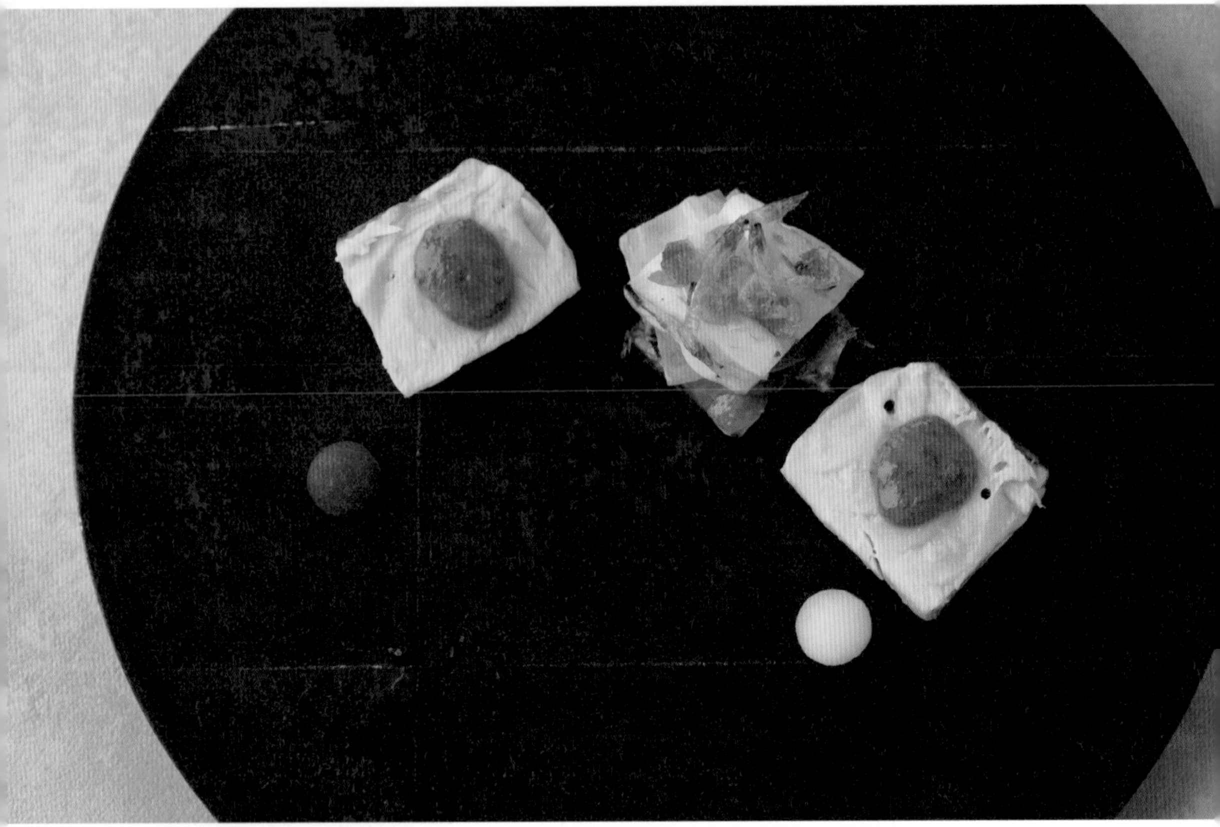

慶祝時去餐廳外食追求份量的時代已成過去。做成讓人一口就能吃下的美味很重要。

炭烤答志島鰆魚[72]　3月

春季高麗菜　炒炸櫻花蝦

款冬　玉味噌[73]　甘醋漬紅白蕪菁

於黑色輪島塗的左上方
盛上笞志島鰆魚，
與其相對的右下方
也盛上一樣的東西
但要做出高低差。
藉由點上紅白雙色的配菜
在器皿上勾勒出整個宇宙。

72 日文原文為トロ鰆，指笞志島近海用特定漁法捕獲且符合嚴格標準的鰆魚，油脂含量甚豐。

73 味噌加蛋、糖、酒製成的味噌。

一道簡單的天婦羅亦可呈現出獨特的奧田流擺盤美學。

3月

白帶魚[74]天婦羅

烤河豚白子

淋鱉甲芡　茖蔥[75]天婦羅

柚子霰

將珍饈河豚白子置於器皿正中央，強調出存在感，用白帶魚去做出立體感。

74 日文原文為太刀魚。

75 學名Allium victorialis L.，日文或稱行者蒜或山蒜。

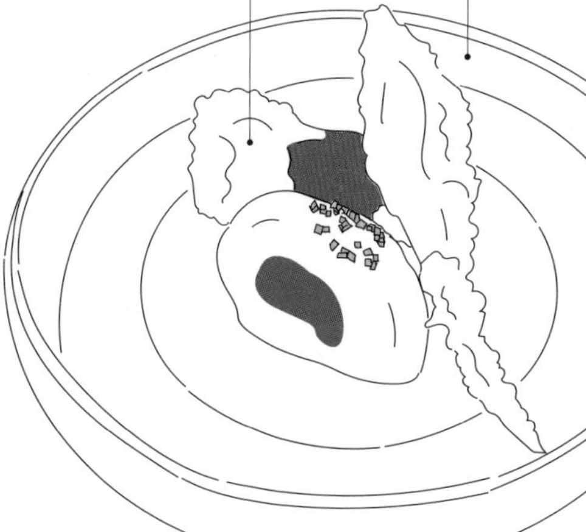
先放上白帶魚天婦羅，之後在靠自己手邊放上珍饈河豚白子。蒼蔥天婦羅只要輕輕靠著就好。
襯托著春季天婦羅的白色三島手器皿十分顯眼。
後半料理所追求的重點在於簡單明瞭的美味及奢華感。

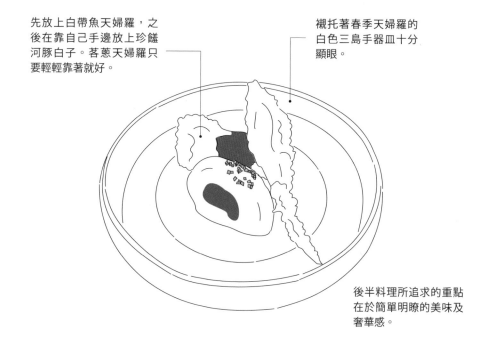

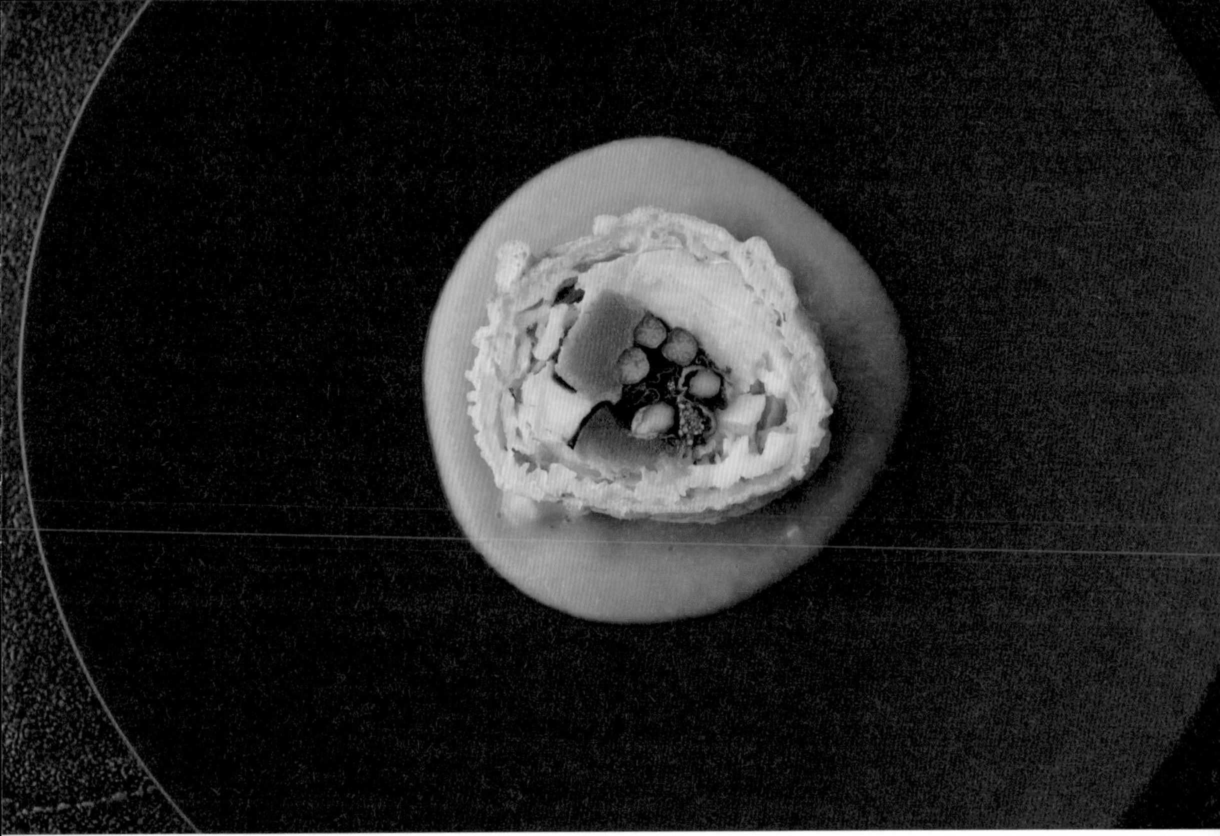

外酥內軟多汁的炸馬頭魚捲。

炸馬頭魚　油菜花
烏魚子　蕨菜
香菇捲

4月

豌豆荚

在這道謳歌春天的菜色當中
希望能透過豌豆莢美麗的色澤
來傳達出創作的樂趣。

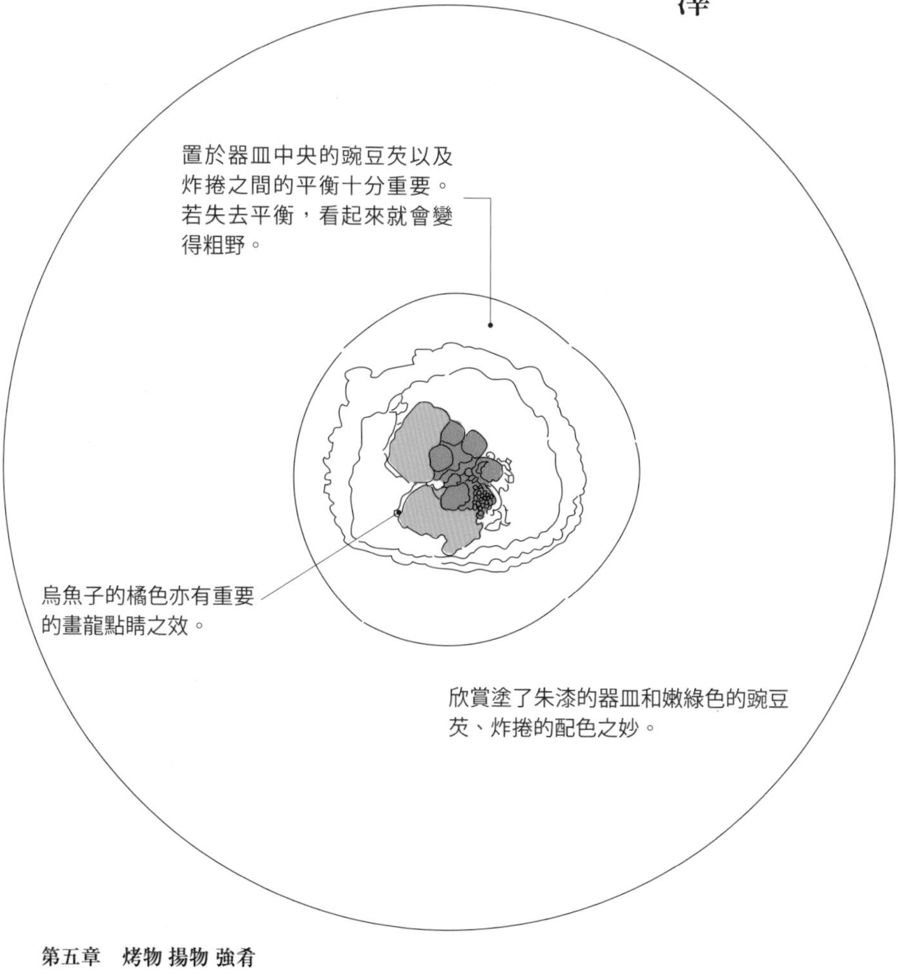
置於器皿中央的豌豆莢以及
炸捲之間的平衡十分重要。
若失去平衡，看起來就會變
得粗野。
烏魚子的橘色亦有重要
的畫龍點睛之效。
欣賞塗了朱漆的器皿和嫩綠色的豌豆
莢、炸捲的配色之妙。

品嘗兩種不同風味的和
牛里肌的美味。

和牛里肌 柑橘醋醬油漬新洋蔥 西洋菜

4月

和牛里肌 炸款冬花莖

為了創造出視覺與味覺上的饗宴
就算簡單小巧
也相當要求完成度及集中力。

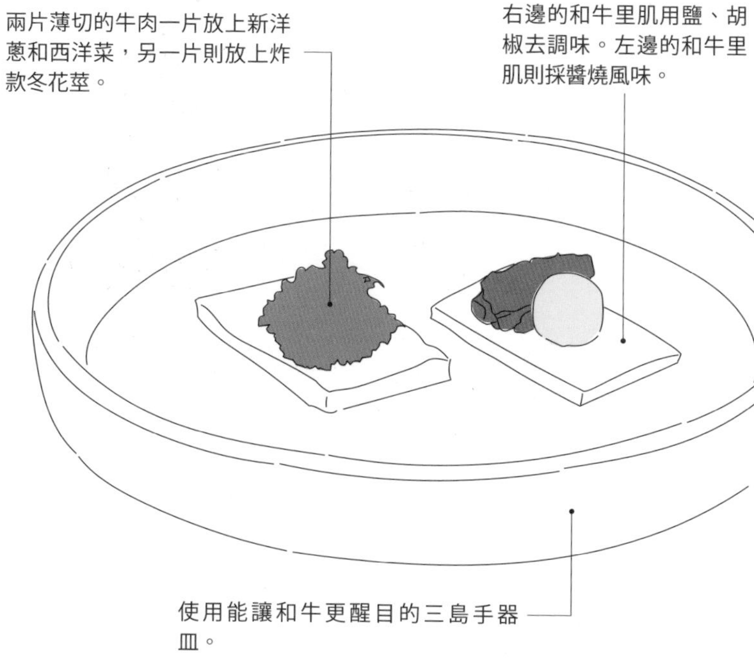
兩片薄切的牛肉一片放上新洋蔥和西洋菜，另一片則放上炸款冬花莖。
右邊的和牛里肌用鹽、胡椒去調味。左邊的和牛里肌則採醬燒風味。
使用能讓和牛更醒目的三島手器皿。

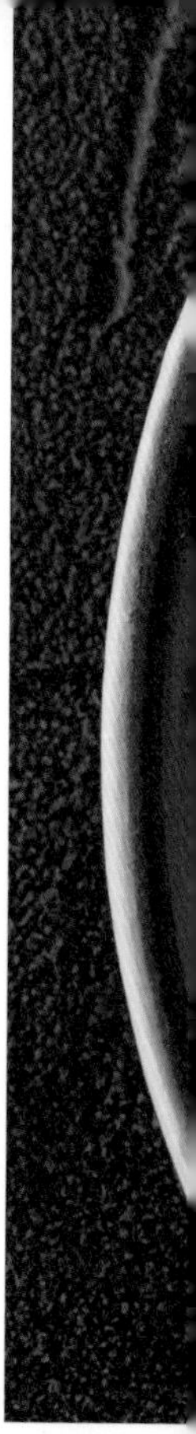

6月

鋤燒[76] 牛里肌
水果番茄

萬願寺[77] 新洋蔥 黃身醬

76 即壽喜燒。

77 京都舞鶴產的綠色甜辣椒。

夏天的鋤燒加了大量蔬菜較清爽。

夏天的肉類料理就要有夏天的感覺。
用染付的器皿表現出清涼感，
並用番茄的酸味去調和滋味。

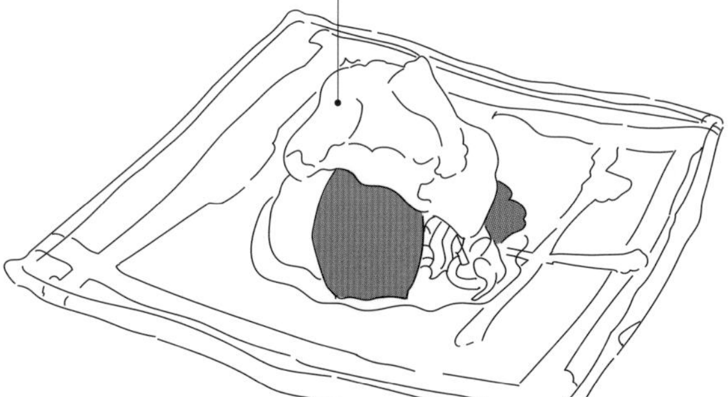
將主角牛里肌輕柔地置於最上方。

要怎麼呈現清涼感呢。用器皿？食材？還是調味去呈現？這一道菜色中網羅了所有的要素。

牛里肌
黑醋炒菌菇粉絲

9月

用大膽手法切出的牛肉搭配對味的黑
醋炒粉絲。

盛盤時特意突顯出身為主角的肉
並將配菜輕輕放上器皿即可。
關鍵就在於這當中的均衡。

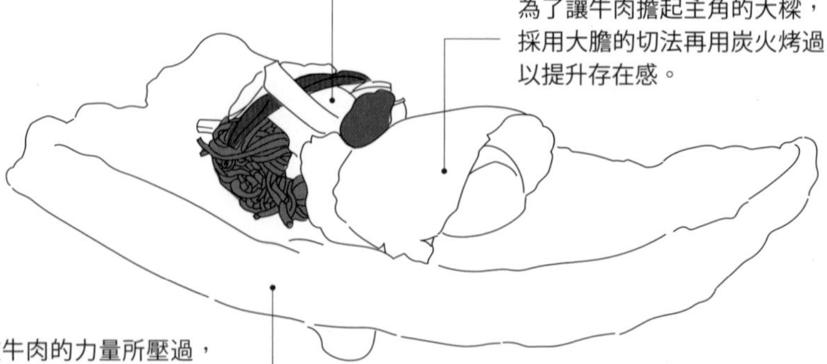
一直以來，在日本料理中利用平底鍋或者炒菜都被認為是旁門左道。不為這種既定觀念所囿，才能開拓新境界。
仍殘存著夏天的暑氣的初秋之際，使用黑醋增添層次以及輕快之感。加入蕈菇表現出季節感。
為了讓牛肉擔起主角的大樑，採用大膽的切法再用炭火烤過以提升存在感。
為了不被牛肉的力量所壓過，使用充滿個性的器皿擺盤，打造出魄力及躍動感。

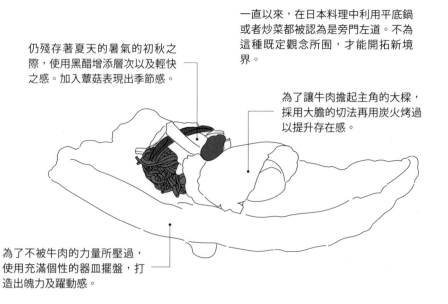

吸收了醬汁味道的黑醋炒蕈菇粉絲是完美的美味配菜。

牛肉用炭火烤一下表面後放置一段時間，上菜前再用炭火炙烤一次。

剛烤好的香氣也是一種款待。簡單灑上鹽和胡椒即可。

將金梭魚包著松茸去烤是秋季的當季料理。一入口就可品嚐到滿滿的香氣和鮮味。

烤金梭魚松茸捲

10月

甘醋漬蘘荷　榻榻米日本鯷[78]　德島酸橘

78 日文原文為たたみ鰯，是用日本鯷的幼魚（魩仔魚）乾燥後做成薄片狀的加工食品名。

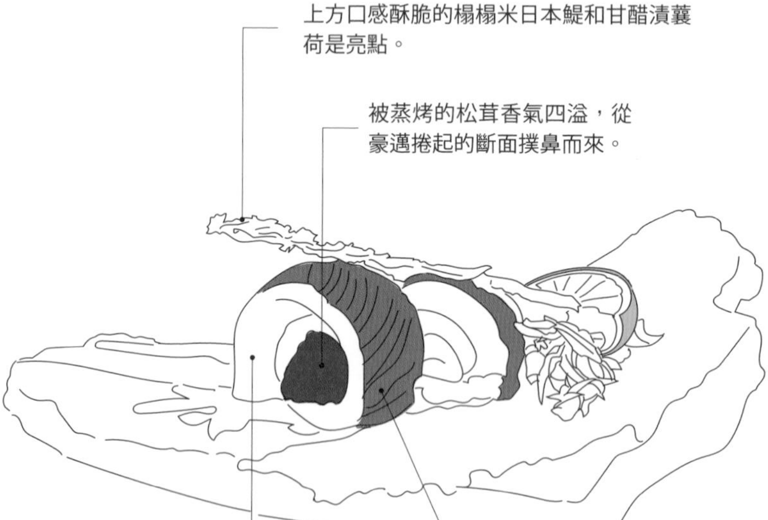
上方口感酥脆的榻榻米日本鯷和甘醋漬蘘
荷是亮點。
被蒸烤的松茸香氣四溢，從
豪邁捲起的斷面撲鼻而來。
由於松茸被金梭魚包住，
不會直接接觸到火源，是
靠著炭火的遠紅外線及保
溫效果去蒸烤而成。
油脂會從大塊肥美的金梭
魚魚皮上的切口中滴落。

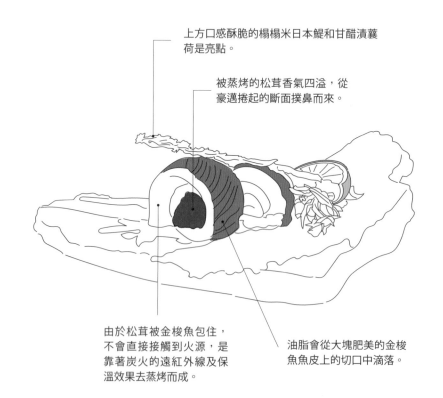

用柳葉菜刀在魚皮上劃上數道細細的刀痕以及豪邁的斷面就是這道料理的真功夫。

用金梭魚的魚肉側包起切成方便入口大小的松茸。

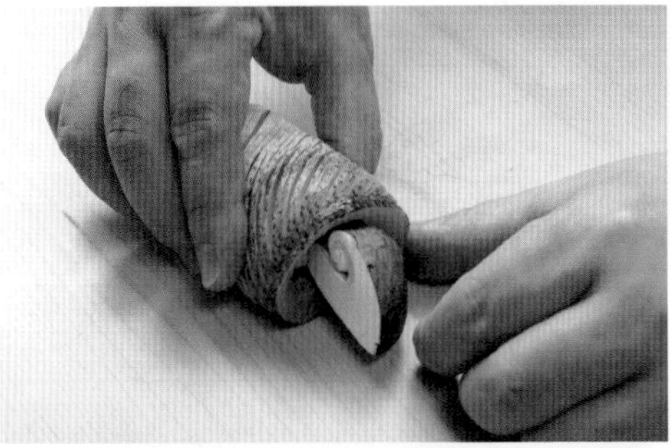

將松茸的菇傘露出捲的斷面之外看起來會更美。

油脂會自金梭魚魚皮滴下，魚肉上則裹滿了松茸的香氣。

外層被炭火烤得酥脆，內層的松茸則是被蒸熟的狀態。

味噌漬和牛里肌
蒸栗子
野口蓮藕[79]排

10月

在簡單烤過的和牛里肌上灑上柔軟蒸栗子的驚喜感非常有趣。

79 野口農園出產的用土耕栽培的蓮藕。

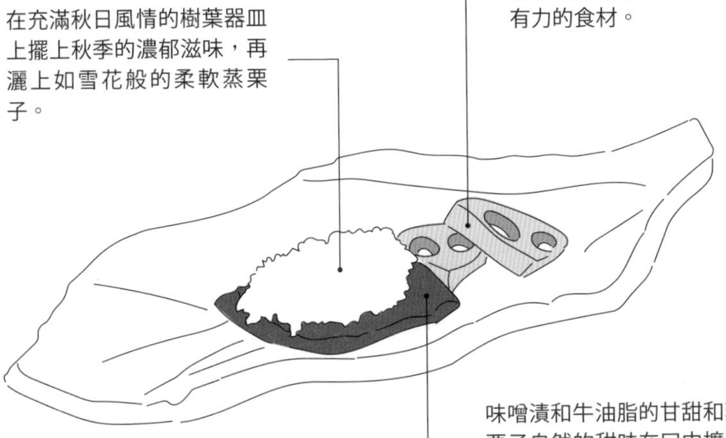
在泥土中成長的蓮藕和肉一樣是強而有力的食材。
在充滿秋日風情的樹葉器皿上擺上秋季的濃郁滋味，再灑上如雪花般的柔軟蒸栗子。
味噌漬和牛油脂的甘甜和蒸栗子自然的甜味在口中擴散開，孕育出多層次的滋味。

將烹調手法和口味各異的元素
搭配在一起
在盤中達成完美的平衡。

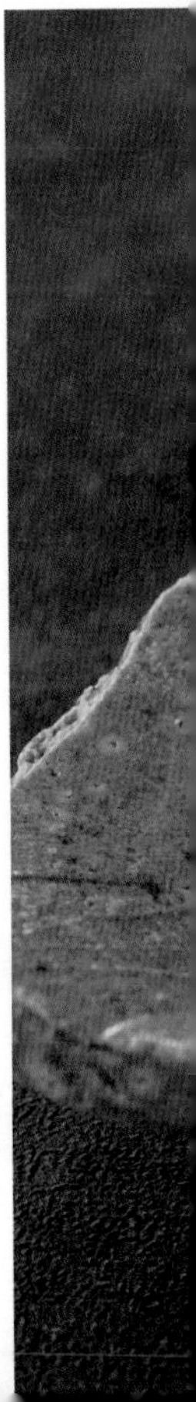

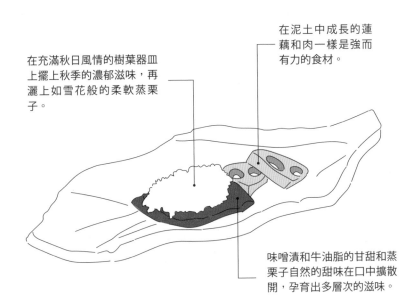

12月

烤柚子釜
炸星鰻
淋甘醋芡

牡蠣　百合根

鴻喜菇炒馬鈴薯

絹豌豆莢[80]

80　日文原文為絹さや，指提前採收較小較嫩的豌豆莢。

用兩種料理搭配樂燒山茶花繪
皿的冬季盛宴。

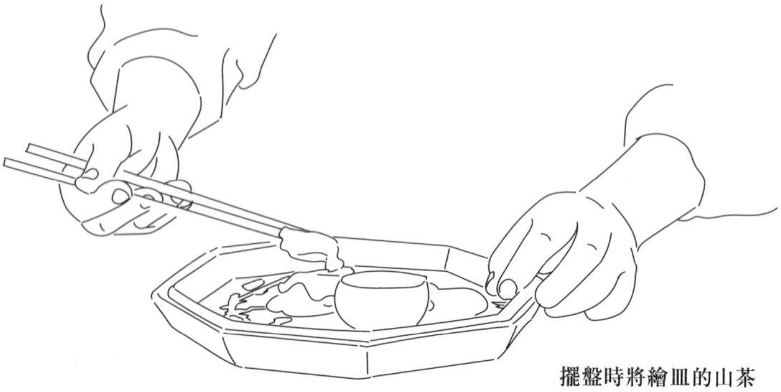

擺盤時將繪皿的山茶花擺在靠自己手邊看得到的位置。

擺上料理時，要活用器皿上大膽奔放的山茶花。

柚子釜中藏著牡蠣、百合根等冬季的滋味。

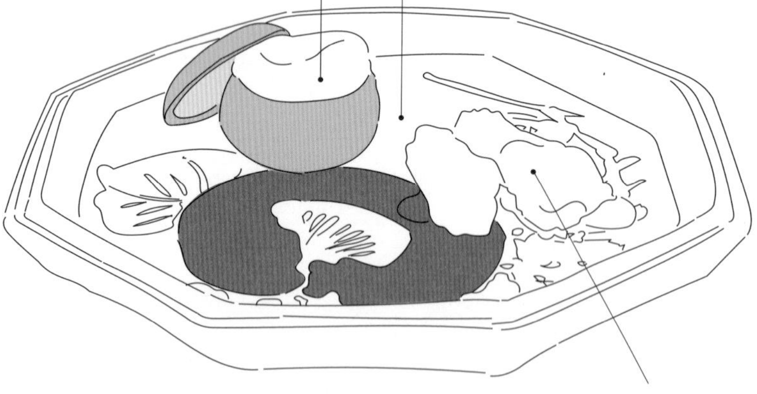

也要留意淋甘醋芡炸星鰻的量。

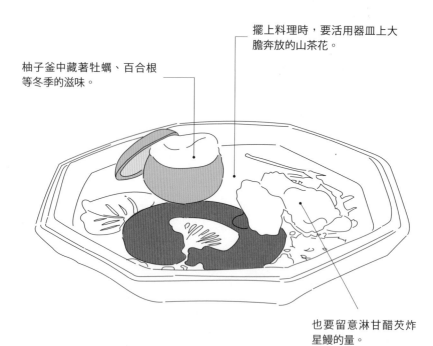

將主要的柚子釜置於左上方。
與其相對的右手靠手邊處
輕輕放上炸星鰻，
做出強弱與高低之差。

不另搭配特別的配菜，而是呈現器皿本身的花樣，這亦是日本料理所獨有的美感。

炭烤香魚

6月
7月

炭烤香魚，可品嘗到技巧性
炭火燒烤的極致美味。

烤好的香魚該如何擺盤。為了展現出彷彿在泅泳般強而有力的狀態必須要先決定最後放的香魚位置及形狀再去組合而成。

一開始先想像完成的樣子，從下方起像堆疊金字塔一樣開始向上堆。擺的時候要留意相對於器皿的角度、平衡、躍動感。
關鍵在於細竹葉超出器皿左側多少。若超出太多會破壞均衡，若太少料理所呈現的力道又會太弱。
細竹葉亦是重要的元素。

香魚擺盤

先決定好最後一隻要放的香魚的位置
再朝著那個目標去擺盤。

將最先放的一隻置於左邊最深處，先決定深度，接下來再決定靠自己手邊處的位置。一隻一隻運用魚肚和魚尾凹凸疊起，擺出漂亮的形狀。用不同的數量可以擺出不規則的形狀，賦予香魚各種姿態、使其動作有更多躍動感。

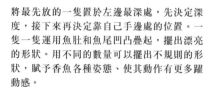

用炭火去烤活香魚可謂炭火燒烤技術的巔峰。我大致上堅持以下三點原則：

第一是要用活的香魚。
第二是要用炭火去烤。
第三是要選用15～16公分的幼香魚。

烤的時候自始至終都要想像微型世界裡火是如何去烤熟魚的。首先，用香魚本身的油脂去烤熟魚頭，像是用炸的感覺一樣。接著，活用從魚身滲出的油脂香氣去鹽燒。之後再繼續將魚烤成像炸過一樣酥脆。最後用團扇搧送熱風，烤乾魚尾的水分，將魚烤到好像乾貨一樣，讓滋味濃縮起來。最後再用煙去燻過即成。

用炭火慢慢烤約一小時。將魚鰭到魚尾末端都烤成像薄的玻璃一捏即碎的口感。鹽燒香魚的美味是「點」狀的。其美味的好球帶極其狹窄。

用手拿起香魚，從魚頭一口咬下，會發出酥脆的聲響。口感既像是炸物又像是乾貨。因爲用煙燻過因此也帶點燻製食品的感覺。其帶有的苦味及煙燻味和黑啤互相激盪共鳴，是天作之合。

烤好的狀態並非失敗也非偶然。香魚就是能達到如此極致的狀態。

第六章 煮物 蒸物 鍋

煮物 蒸物 鍋

要稍微超乎想像

和之前的料理不同，我認為「煮物」和「蒸物」就算採取前衛的擺盤，也無法傳達出料理本身的優點。

無論是蕪菁、白蘿蔔、海老芋還是竹筍，都必須小心翼翼地慎重處理，也因此並不會特別想改變擺盤方式。反倒是古典的形式更得我心，就算改變了器皿或者外觀，擺盤的本質仍然沒有改變。用高湯去煮透蔬菜時，不可以加入太多烹調者的個性，必須做出能讓人放鬆的溫和滋味。

製作一人份的「鍋」時，想像會無限奔馳。可以在煮好的瞬間食用的鍋，對客人來說是一大享受。在無法應用炊合[81]這樣的煮物料理去落實菜單時，也可以用像鍋這樣的料理讓菜單更為豐盛。

81 日文原文為炊き合わせ，指分開製作三種以上的煮物再盛裝成一道料理，煮物拼盤。

頭芋是蘊含有「拔頭籌（立於眾人之上）」之意的吉祥食物。

頭芋 小松菜與烤香菇

1月

一切全取決於主角頭芋的存在感。
正因為這是道看起來簡單又單純的料理
才更要精密地去組合所有元素。

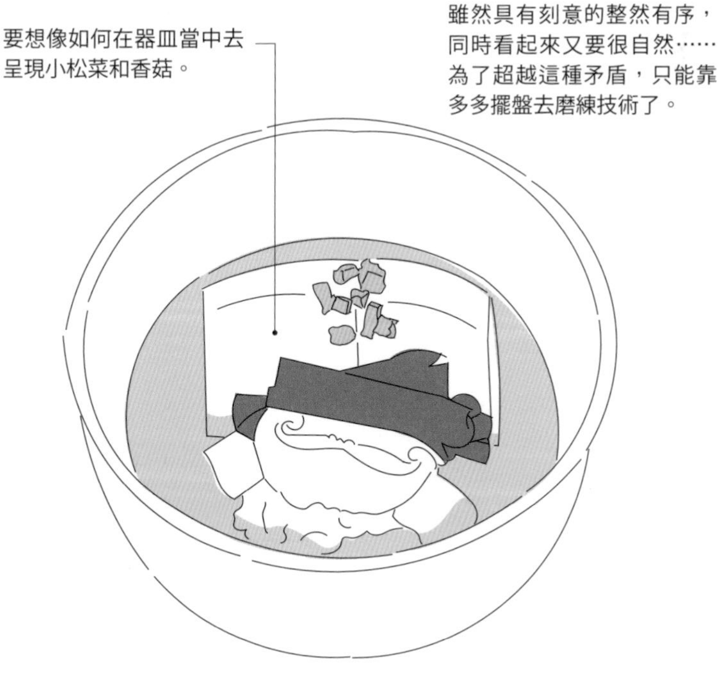
要想像如何在器皿當中去
呈現小松菜和香菇。
雖然具有刻意的整然有序，
同時看起來又要很自然……
為了超越這種矛盾，只能靠
多多擺盤去磨練技術了。

2月

源助白蘿蔔[82]排

蒸鮑魚

蕓薹[83]鮒仔魚乾拌柴魚片　和芥末

骨幹堅實的白蘿蔔排以及蒸鮑魚的夢幻共演。

將蒸鮑魚和白蘿蔔切成大塊享受越嚼越有滋味的美味。

82 產於石川縣的加賀蔬菜之一。

83 日文原文為真菜，屬於十字花科的日本傳統蔬菜之一。

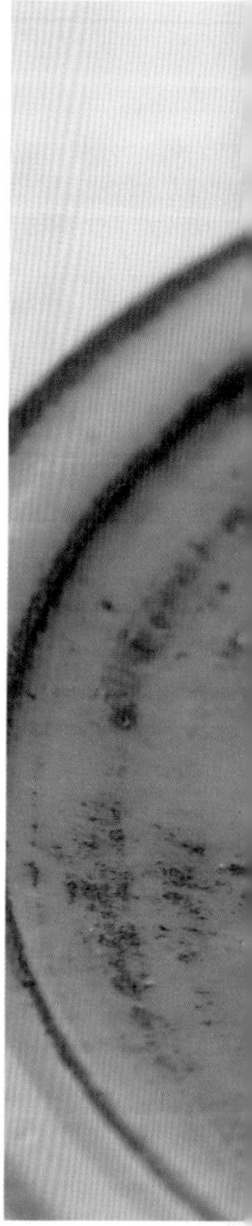

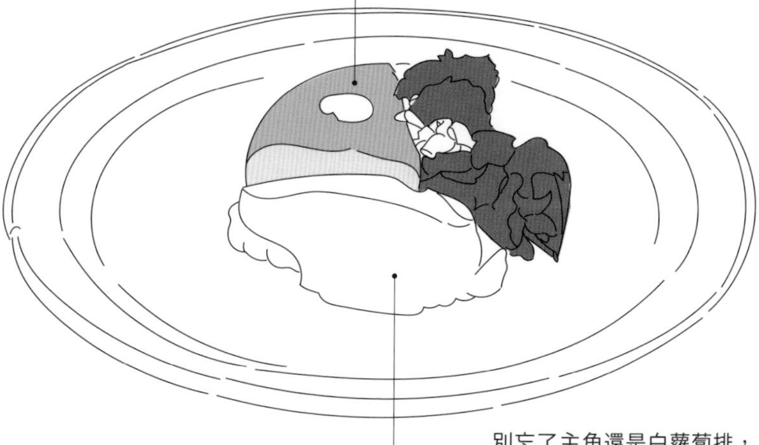
吃之前就能讓人感受到其美味的磊落擺盤。
白蘿蔔煮至入味，再用太白麻油將表面煎到變硬，做成白蘿蔔排。
別忘了主角還是白蘿蔔排，大手筆地用蒸鮑魚去配合白蘿蔔。

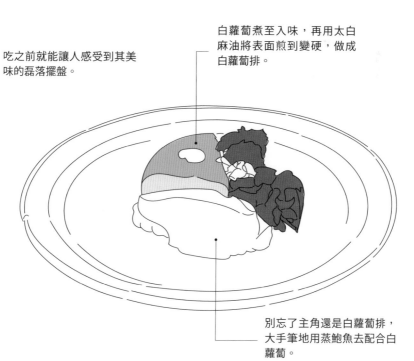

烤龍蝦 竹筍 款冬 拌柴魚山椒嫩葉

3月

將烤過的龍蝦和當令蔬菜
炊合組合而成的一道菜。

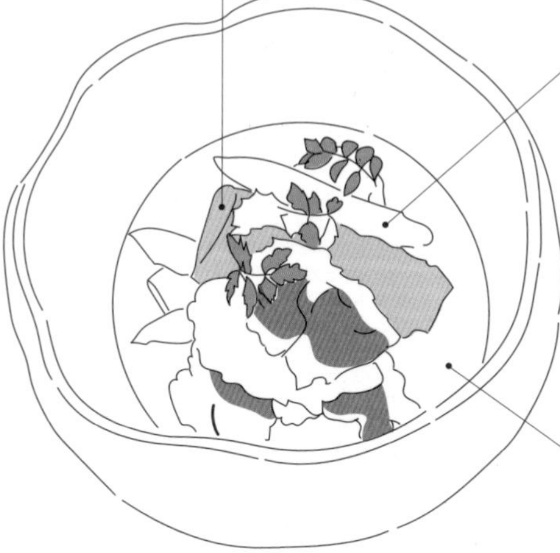
春天的佳餚從備前燒火襷[84]器皿中雀躍地探出頭來。
將竹筍和款冬煮過後加入柴魚片和山椒嫩葉，使其更強而有力。
椀中注入筍子高湯去統合整體。

烤過的龍蝦搭配當令蔬菜炊合
感覺合理卻是前所未見的組合。
優雅明媚的春色讓人心花怒放。

84 又稱緋襷，備前燒器皿上紅褐色的花紋。

油目春菜鍋　4月

莢果蕨芽　刺嫩芽　水菜　艾草

食用土當歸　山椒嫩葉　大葉玉簪　水芹

片栗花　款冬　蘘荷

讓人享受春天萬物齊放，香噴噴的鍋。
油目肌理的躍動感
以及春季剛抽芽的山菜就是最豪華的佳餚。

活締的油目與帶苦味的春季蔬菜的邂逅。

於鍋中加入新鮮翠綠的春季蔬菜。在靠自己手邊處放上油目與山椒嫩葉。用這種安排預示了即將開演的演奏會，讓人引頸期盼。

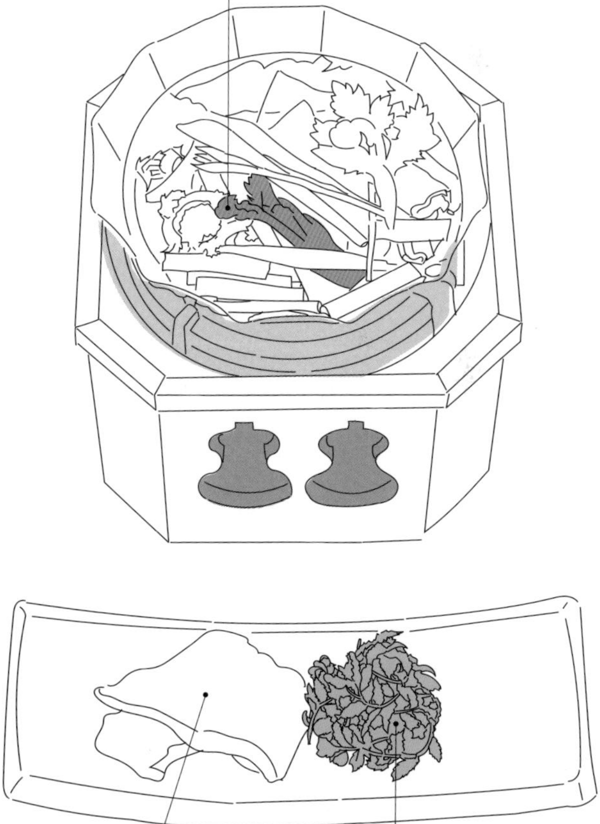

油目切的時候份量感要夠。

放上大量帶有細膩香氣的山椒嫩葉，讓人感受春天的氣息。

代表夏天的賀茂茄子[85]在蔬菜中的
定位就像肉類一樣強而有力。

賀茂茄子[85]炸野口蓮藕夾餡

6月

蝦真丈　絹豌豆莢　淋銀芡[86]

85 京都上賀茂產的一種圓茄。
86 成分為高湯、鹽、淡口醬油、酒、葛粉。

從蓮藕的孔洞中可以看到
蝦真丈艷麗明亮的橘色。
自充滿驚喜的組合
所誕生出的全新料理。

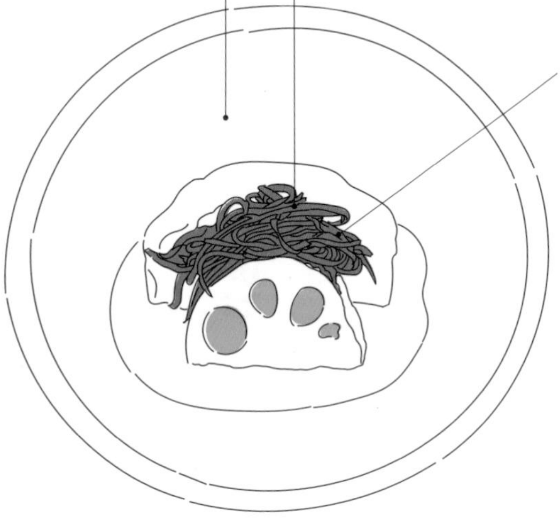
為了襯托強而有力的料理，器皿的選擇也很重要。用朝鮮唐津的器皿營造出厚重感。
賀茂茄子要擺得很浮誇，展現出強大的力道。於靠自己手邊處放上炸野口蓮藕夾餡，接著在兩者之間擺上色彩鮮艷的絹豌豆莢，讓豌豆莢絲如流水般傾瀉而下。
盛絹豌豆莢時要精心計算但看起來要很自然。

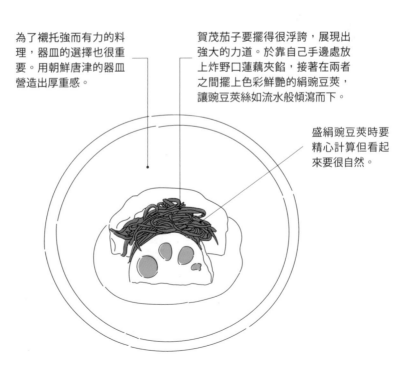

炎熱夏日時的高湯浸炸蔬菜。裹了油的夏季蔬菜和冰涼的天婦羅醬汁十分對味。

8月

沙鮻　炸賀茂茄子
蓮藕　秋葵
南瓜　萬願寺
高湯浸炸蔬菜

蘘荷絲　青柚子

越是像這樣的料理越難擺盤。
只要稍微失去了一點平衡
料理的外觀就毀了。

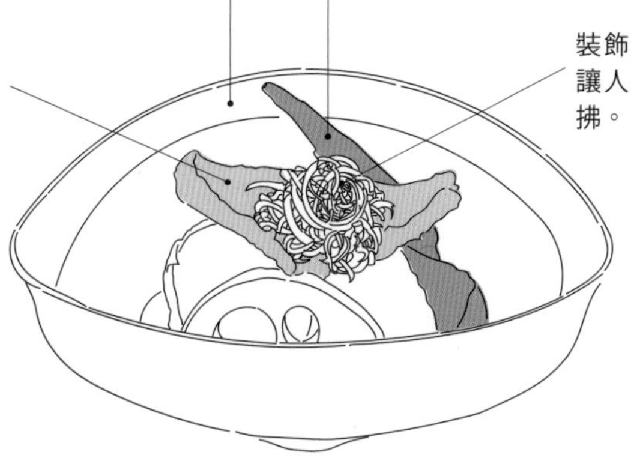
擺盤時將聳立的秋葵和蓮
藕等視覺效果強烈的夏季
蔬菜做出張力感。
青白瓷器皿當中安排好
各色夏季蔬菜的位置，
使其相互輝映。
用威武的沙鮻和最
頂端的蘘荷來收斂
整道料理，營造出
磊落大方之趣。
裝飾於最頂端的蘘荷絲
讓人感受到一絲涼風吹
拂。

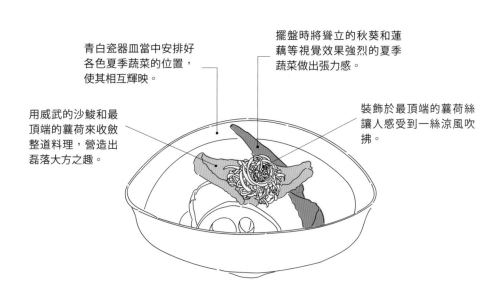

龍蝦　飛龍頭　9月

小芋　高湯浸新取菜[87]與松茸

87　此處保留原文漢字，日文一般稱シントリ菜，漢字為芯取菜，十字花科的蔬菜，近似小白菜，名稱的由來是因為以前不用外面老的葉子只取中芯嫩葉來入菜，在中國蔬菜輸入日本前，製作中華料理時會用芯取菜來代替青江菜，因此又有唐菜或唐人菜的別名。

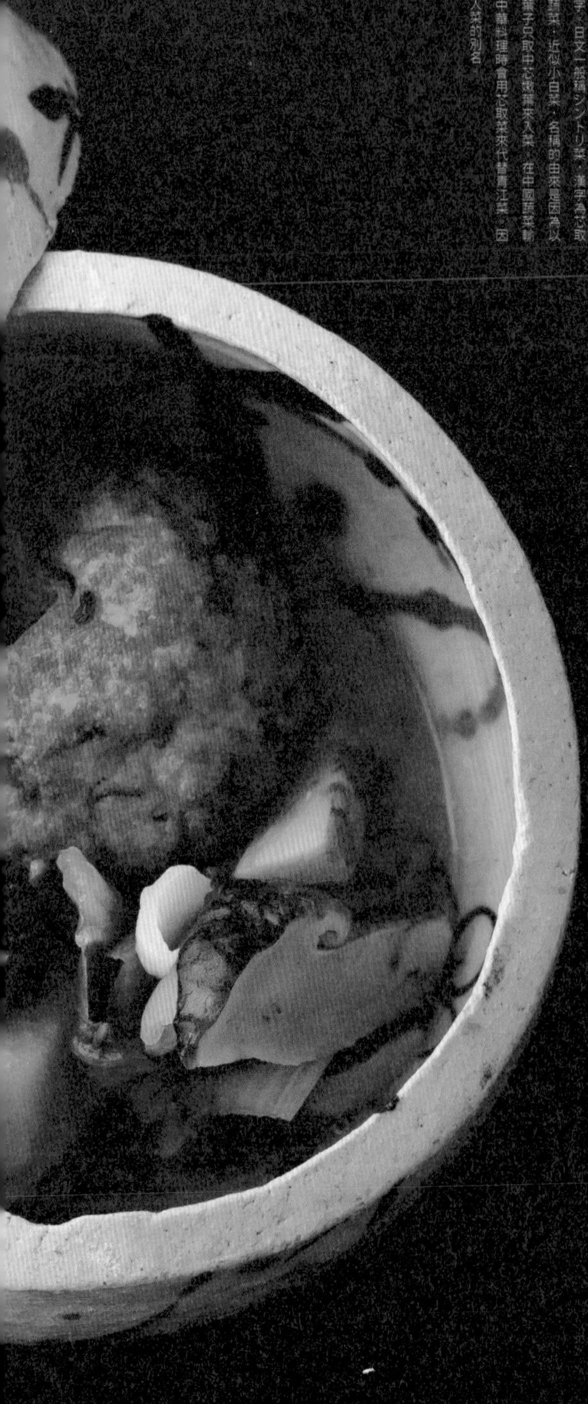

用龍蝦做成，豪華磅礴的飛龍頭。奢華感大爆發。

三拼講究的就是
大小、硬度、強弱、色彩
所有要素間的均衡。

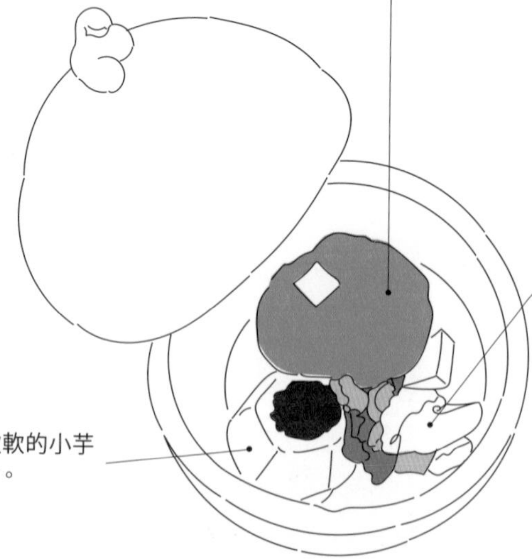

簡樸的飛龍頭中卻藏了龍蝦，讓客人享受驚喜。
用松茸和清脆的新取菜做成的高湯浸蔬菜。
在煮得鬆鬆軟軟的小芋上盛上島味噌。

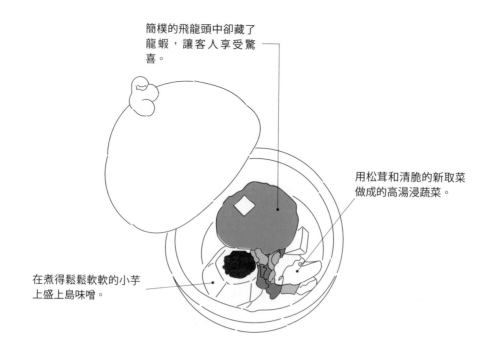

飛龍頭中加了昆布、紅蘿蔔、木耳、香菇和銀杏。

加入龍蝦。製作飛龍頭時最重要的就是其他食材相對於豆腐的平衡以及味道的均衡。

擠去空氣，做成丸子狀。要做得大顆一點展現出存在感。

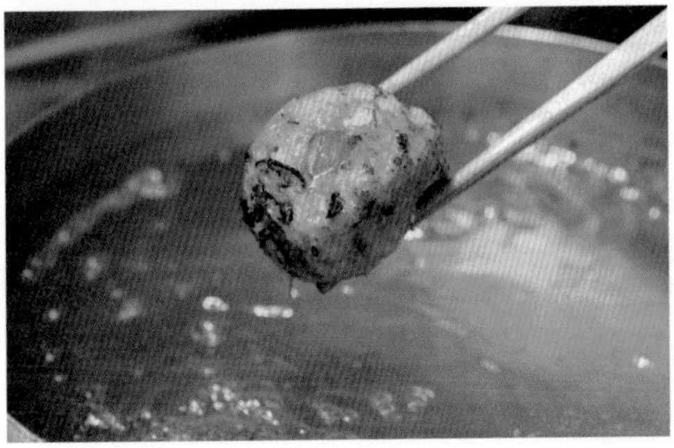

用偏低溫160℃的油去炸，炸到呈金黃色即可。

第七章 主食

食事

令人意外的驚奇性所孕育出的豐富滋味

在銀座開店二十年，讓我感到「主食」也必須要講求「驚奇性」。當我停止使用大約出了十年左右的土鍋後，我開始不斷思考如何提供各式各樣和其他地方不同的主食。

最關鍵的地方就在於來到主食之前，菜單究竟是怎樣的走向。最後是要收？還是要放？而我覺得也可以透過主食傳遞一個訊息。

譬如在連續出了強而有力的料理之後，可以簡潔地收尾。抑或若要將到主食為止的構成一併納入考量，那此時就要稍微華麗豐盛一點。換言之，就是必須視從出菜至今究竟創造出怎樣的局勢而定。

若想要做出改變，就算伴隨著風險，也必須有勇氣去嘗試前所未見的不同作法及風格。我認為在此前提上，同時反映了季節特色，讓大人也能享受的主食還有相當多的可能性。

柚子釜椀　1月

烤河豚白子　蟹雜炊[88]
柚子霰　鴨兒芹　柑橘醋醬油

88 粥。

主食亦講求驚喜之感。於柚子釜中裝入蟹雜炊，再用河豚白子蓋上。

讓白子抓住目光
靠高度及開口寬度去營造視覺效果。
最重要的就是做出豐盛的奢華感。

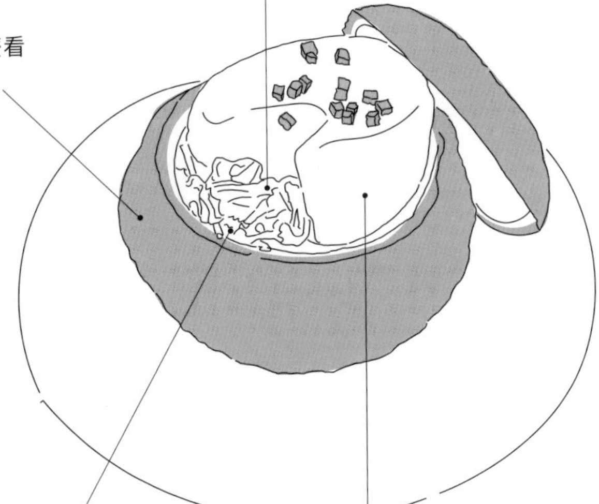
白子下方有著溫熱濃醇的蟹雜炊，吃到最後會感到十分溫暖放鬆。
柚子釜無論裝什麼看起來都很美。
中間可稍微窺見淡色的蟹雜炊。
氣派堂堂的河豚白子，很適合用來揭開一年的序幕。河豚音近「福」，不僅能帶來好兆頭，和柚子也很搭。

將節分時必吃的豆皮壽司做成充滿豪華感的蒸壽司。

2月

烤星鰻蟹肉五目[89]豆皮壽司

山椒嫩葉

89 五目炊飯。指加了五種材料的炊飯。通常是牛蒡、紅蘿蔔等根莖類加上蒟蒻、乾香菇及豆皮，常見的版本還會加雞肉。

光出豆皮壽司沒有奢華的感覺。
要超乎人的預期，增添讓人開心的驚喜感。

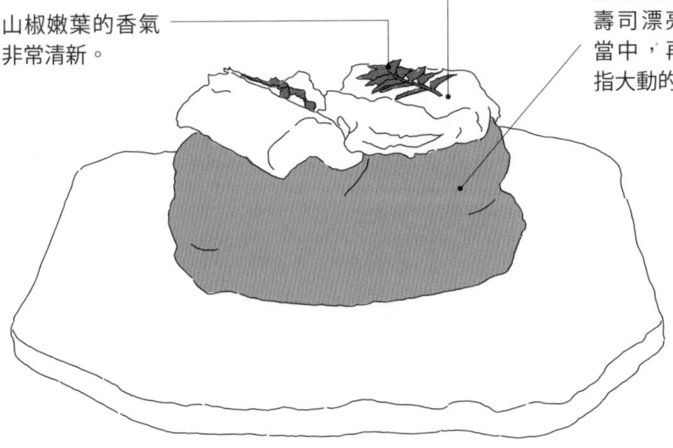
將烤得焦香的星鰻置於寶物
上的奢華之趣。
將用蟹肉五目做的蒸
壽司漂亮地塞到豆皮
當中，再放上讓人食
指大動的星鰻。
山椒嫩葉的香氣
非常清新。

銀魚柳川鍋
碓井豌豆飯

3月

銀魚　食用土當歸　香菇　鴨兒芹

初春的食材
即將開始萌芽，
當中隱藏了細膩又夢幻的滋味。

用味道溫和的碓井豌豆飯更能襯托出熱熱的銀魚柳川鍋。
大量使用此時節才能品嘗到的食材去歌頌季節。
用銀魚、食用土當歸和春季蔬菜做成滑蛋，讓銀魚浮在上方，趁熱上菜。

充滿魄力的野生花鱸鰻是店裡的經典菜色，搭配上色彩繽紛的五目糯米飯。

野生花鱸鰻 五目糯米飯

5月

意識到五月的節慶，
用鮮綠的槲葉包起來。

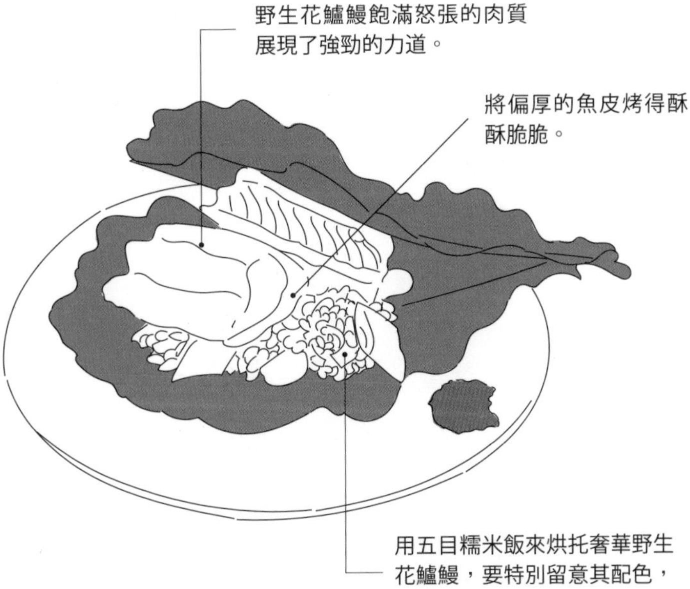
野生花鱸鰻飽滿怒張的肉質
展現了強勁的力道。
將偏厚的魚皮烤得酥
酥脆脆。
用五目糯米飯來烘托奢華野生
花鱸鰻，要特別留意其配色，
不可讓它看起來太虛弱。

近年來主食出鰻魚的次數增加，種類也變豐富了。

野生花鱸鰻　毛豆
玉米
山椒籽飯

7月

日本料理的鐵則就是要反映季節。
使用毛豆、玉米、山椒籽等
夏季的食材來完成料理。

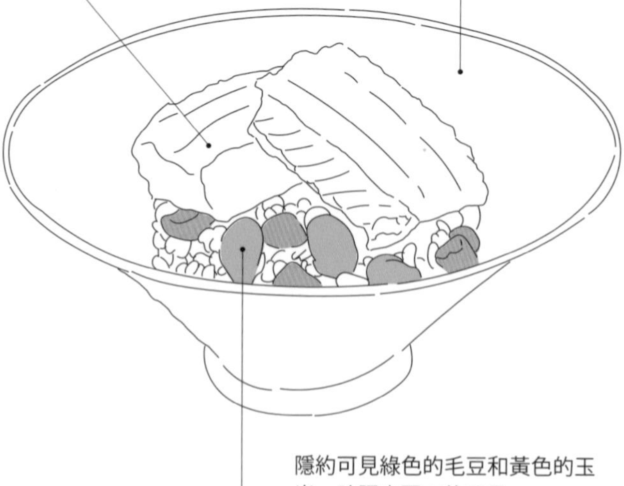

在充滿夏日風情與清涼感的染付器皿當中豪邁地盛入野生花鱸鰻。
將充滿魄力的蒲燒野生花鱸鰻切成大塊。
隱約可見綠色的毛豆和黃色的玉米，映照出夏天的風景。

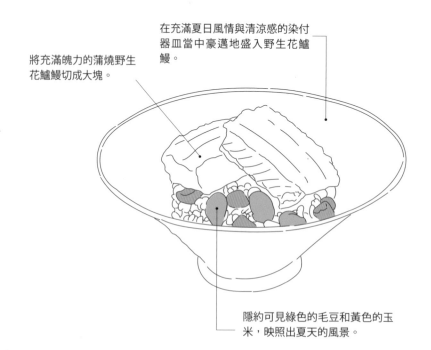

用炭火逼出堅硬魚皮帶有的油脂，再花時間慢慢烤熟。

將魚皮烤出像用炸的之酥脆口感。

烤的時候裡面會膨起，因此魚肉吃起來蓬鬆軟嫩。

將六種帶有「運[90]」的食材
加入烏龍麵，是最適合冬至
的開運料理。

熊肉冬至烏龍麵

12月

紅蘿蔔　蓮藕　銀杏　南京[91]

四季豆　牛蒡　水芹　黑七味[92]

90 六種食材日文結尾都有「ん」，發音近「運」。

91 南瓜的別稱。為了符合「ん」結尾。

92 京都祇園原了郭的商品。原料為辣椒、山椒籽、白芝麻、黑芝麻、罌粟籽、大麻籽、青海苔。

若什麼都不說，
這就是碗加了熊肉的烏龍麵。
但當我娓娓道來「冬至烏龍麵」的由來
就成了大人的主食。

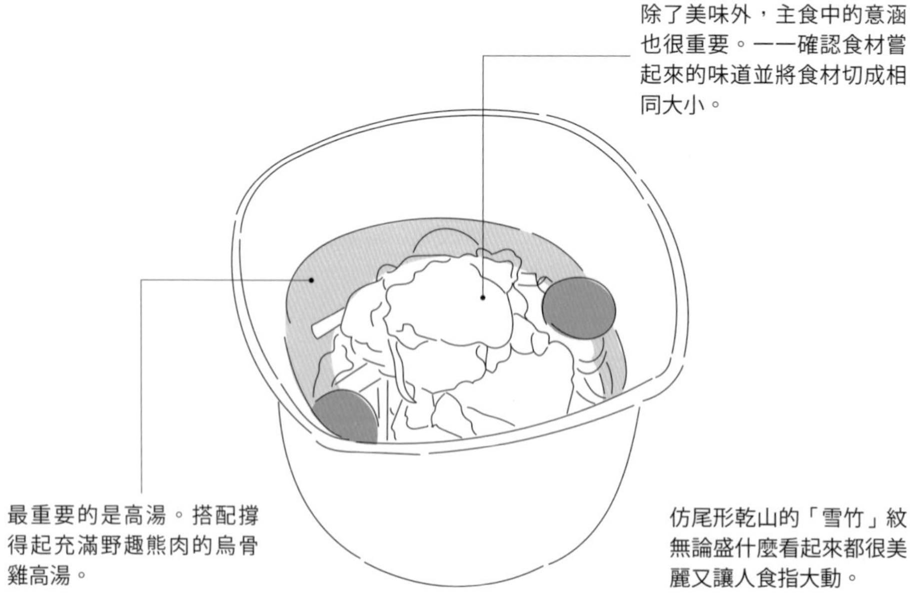
除了美味外，主食中的意涵也很重要。一一確認食材嘗起來的味道並將食材切成相同大小。
最重要的是高湯。搭配撐得起充滿野趣熊肉的烏骨雞高湯。
仿尾形乾山的「雪竹」紋無論盛什麼看起來都很美麗又讓人食指大動。

將南京、銀杏、蓮藕、紅蘿蔔等蔬菜分別處理好備用。

為了比較好切，先將熊肉稍微凍過，再切成薄片。

將熊肉切成超薄的薄片，用偏濃的醬汁涮過。

高湯的鐵則就是要清澄。做出清澄又強而有力的高湯。

用天然的器皿擺盤

在世界各地的料理中，會運用自然的葉子和蔬菜巧妙地去盛裝，將精緻的料理擺得美不勝收的，也許只有日本料理了。這是因爲料理本身就體現了大自然的風景之妙。與人造器皿不同，自然的器皿原本就以眞實的樣貌存在於大自然中，故能將季節以及每個月的儀式及節慶等重要元素更加清晰地呈現出來。這是日本料理中珍貴的表現手法之一。

不同於強調盤中物皆可食的西方料理，日本料理所具備的獨特美感和美學意識，我認爲就算經過時代變遷，仍然值得後世傳承。本書所記載的表現方式並非我一個人所發明，而是繼承了幾十年以來先進們以各種形式所呈現的內容，或者將傳承而來的內容加以重新編排的成果。

蓮葉

七月、八月的盂蘭盆時節時，
也可使用釋迦菩薩所坐的蓮花當成器皿。
蓮花雖然生於淤泥之中，
但論其清涼的翠綠和蓬勃的生命力很難出其右。
蓮花花瓣的頂級之美，
噴濺上去水珠的流動極富生命力，
也讓人得以一窺自然界眞實的樣貌。

夏

牛角蛤

海洋中至今仍有許多古老又
超乎人類想像的生物棲息其中。
牛角蛤巨大的貝殼
會讓人聯想到大海的生命力
以及春天生命的氣息
讓強而有力的料理得以展現。

春

朴葉

藏在朴葉下的東西以及蓋物[93]，能引起所有人的好奇心。
雖然只有一瞬間，若能加入「打開」的演出手法，
無論如何保證會更刺激食慾。
爲了讓客人開心，偶爾也必須刻意設計出這種表演才行。

93 用有蓋的器皿盛裝的料理。

冬

柚子釜

單單將不管盛什麼都美不勝收的柚子
當成器皿使用算不上什麼新意。
柚子釜最重要的地方
就是裡面盛裝的料理和柚子之間
相互呼應的程度。
於柚子釜中盛入溫熱的蟹雜炊，
再添上冬季的珍饈——
帶「福」的炭烤河豚白子。

夏

加賀大黃瓜

夏天當令的黃瓜十分清涼
炎熱的時節裡用黃瓜，
就連視覺上也變得清爽了起來。
藉由將生的刺身盛入新鮮多水的黃瓜當中
呈現出更鮮活的涼爽感。這種以前就有的呈現手法
放到現代看起來反而很新鮮。
在對面那一側擺上稍微有點雜亂的青楓葉
而靠自己手邊處則擺得清爽又平衡。
厚重的玻璃盤亦是決定景色的重要元素。

夏

帶殼海膽

帶殼海膽可說是自然界的神奇之謎。
大海中居然存在這種獨特又充滿棘刺的形狀
實在令人匪夷所思。
將先人的使用方法加上自己的創意，
其中一道是加了凍，感覺十分清涼的冷菜。
另一道則盛入將肉剁碎混合海膽的料理。
出乎意料的驚奇性與嶄新性
吸引了所有的目光。

第八章 甜點

デザート

大人的甜點所擁有的獨創性與玩心

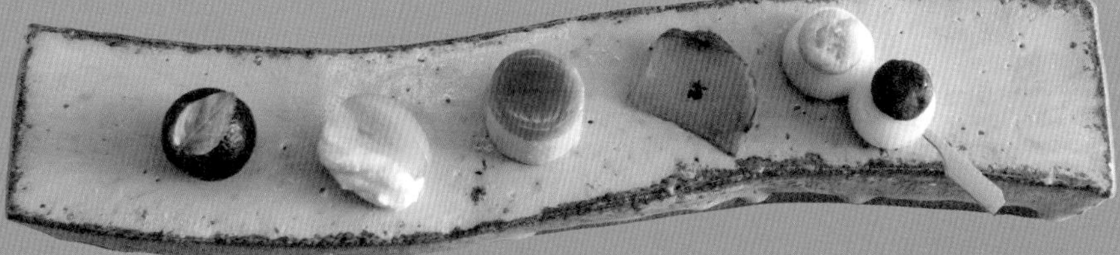

對日本料理的「甜點」而言，最重要的就是季節。正值季節的水果理所當然能呈現出豐富的季節感，因此第一個前提就是要使用當令的水果。日本的水果除了新鮮又多汁之外，在甜味和香氣上亦下了不少功夫。我想就算拿世界標準來看，應該也是相當洗鍊的滋味。

此外，現在的懷石料理是汲取千利休茶懷石的流程而來，因此也可提供用紅豆等做成的和菓子。水羊羹及葛餅之類的甜點會讓人聯想到夏季，也是日本獨特的文化。由於是在主食之後上，要考量飽足的程度去決定量和呈現手法。

不過，雖說是草莓季，若每家店都是提供高級草莓的甜點，客人也會吃膩。只要單純「擺出當令水果」的時代已經過去了。身為一介專業料理人，直到最後一道甜點都必須使出配得上日式料理的創意功夫，並展現出乎客人意料的原創性。

山椒嫩葉 牛奶冰 炸款冬花莖

3月

山椒嫩葉

款冬花莖的苦味
會讓冰淇淋嘗起來更甜更醇厚。
是一道超越客人想像，
相當大膽的甜點。

看起來不像甜點的驚喜感。大膽的組合讓人吃下去驚奇連連，最終會臣服於出乎意料的味道之下。

將大量山椒嫩葉和牛奶冰混合後食用。吃起來有如薄荷般清爽的滋味。
彷彿和器皿相互呼應一般，堆得高高的並做出動態的複雜層次感。
把款冬花莖和冰淇淋混著吃，享受有如帶有苦味咖啡般的香氣和滋味。

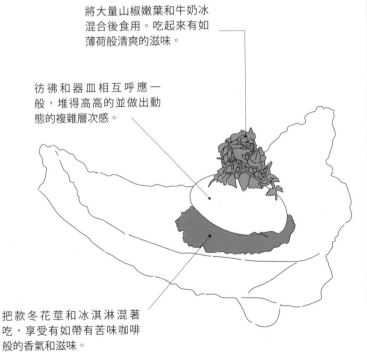

4月

莓果冰沙粉紅氣泡酒

珍珠　薄荷

藉由注入粉紅氣泡酒[94]，除了讓美味更上一層樓，也會讓整體組合看起來加美麗。

色調讓人聯想到櫻花的甜點。
在客人眼前注入櫻花色系的粉紅氣泡酒，
像是春風拂入般的趣味
相當華麗，也很受客人歡迎。

94

Rose Spumante。

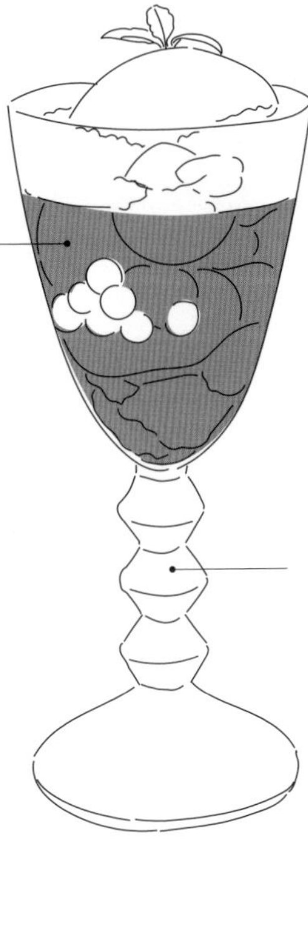
甜點色澤來自櫻
花時節的色調，
十分美麗。
盛入巴卡拉水晶杯中，
眼前立刻幻化為和之前
不同的景色。

芒果白餡春捲

肉桂冰淇淋

6月

追求原創性，包入芒果做成春捲狀。芒果和白餡可說是天作之合。

日式甜點
較西式甜點來得輕巧。
雖然輕巧
卻不可流於寒酸。

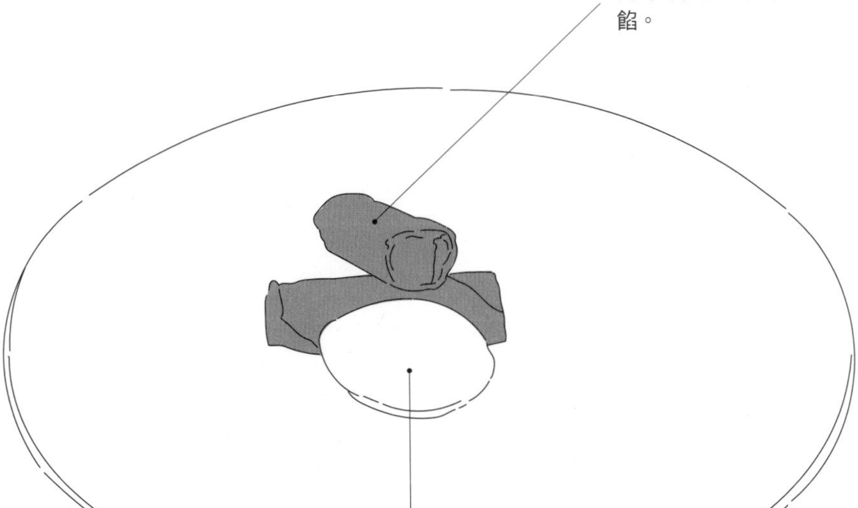
包了芒果去炸會提高甜度。為了讓芒果春捲成為日本料理，裡面加了白餡。
用赤木明登做的輪島塗器皿去盛裝，將料理引入日本料理的世界。
於靠自己手邊處放上味道很搭的肉桂冰淇淋，享受冷熱交織的樂趣。

青竹器盛水果剉冰

牛奶冰

8月

適合盛夏的甜點。除了青竹的清涼感外，水果和刨冰的水分也能為身體帶來涼爽的清風。

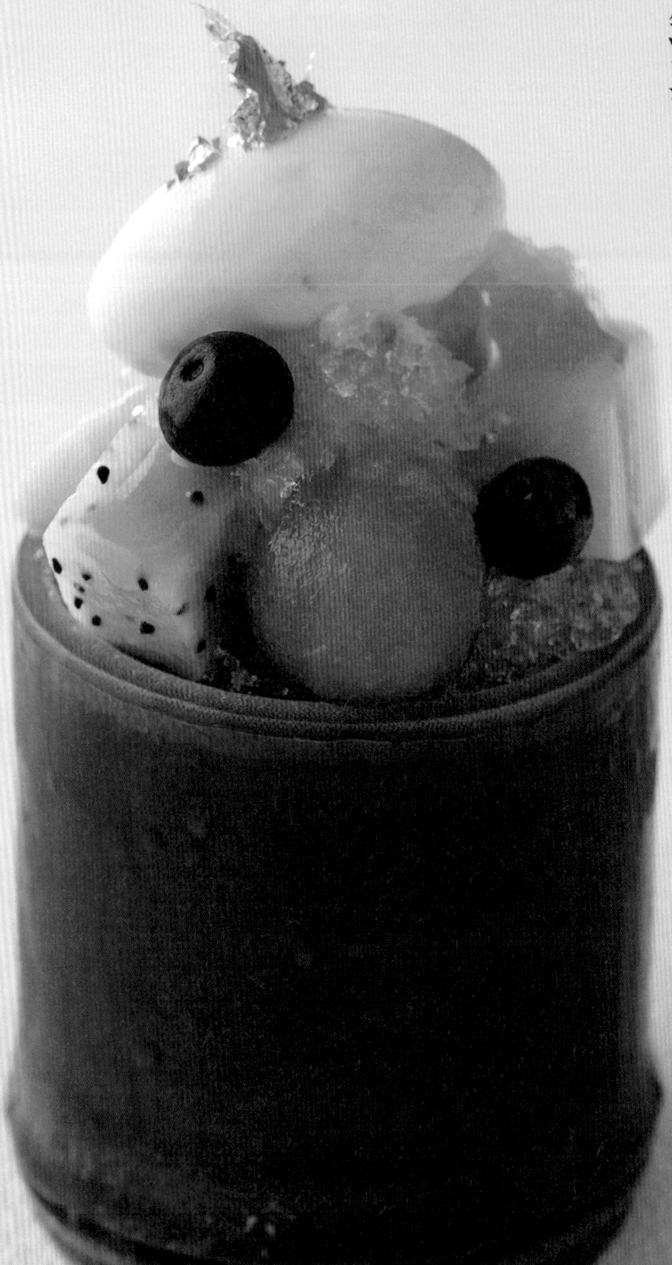

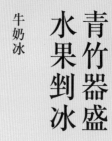

將刨冰盛入青竹當中。
沒看過這樣的擺盤，
沒看過這樣的組合……
讓人越吃越有興致。

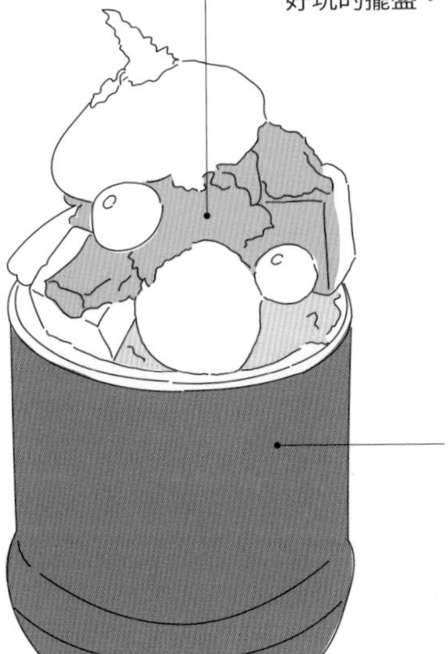
用芒果糖漿統合整體的滋味。將水果的繽紛色彩和滋味做出層次感，完成好玩的擺盤。
用大自然裡的青竹盛裝甜點是先人的智慧。以前的人對身邊材料的運用相當得心應手。

9月

巨峰葡萄淋草本果凍

晴王麝香葡萄 佐

涼拌豆腐泥

南京[95]布丁　大學芋[96]

糯米丸兩種（毛豆、紅豆）

乍看雖然很洋派，但卻不失和風甜點的內斂自信。

從開始到結束
敬請享受
由甜點的變幻所寫出的故事。

95 南瓜。

96 地瓜切塊炸過後裹上糖蜜，類似拔絲地瓜。

擺上當季的水果和傳統的日式甜點，逐漸做出滋味變化。

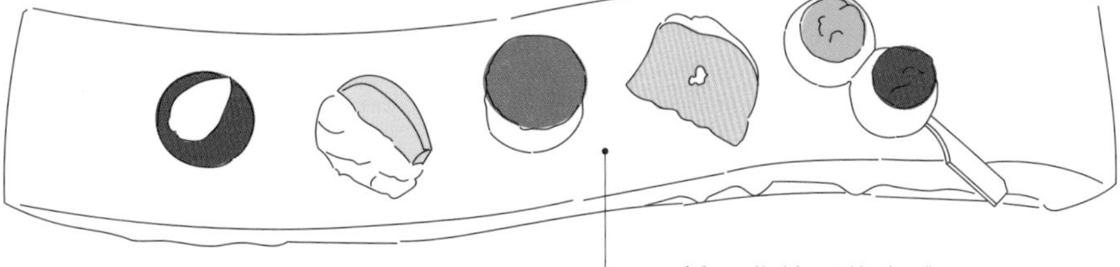

採用曲線形的立體器皿，為甜點拼盤增添華美的氣氛。

從左手邊的巨峰葡萄開始依序食用。從新鮮的水果開頭，最後接續到和菓子，串連出整個故事。

柿子 西洋梨
巨峰葡萄
麝香葡萄 白羊羹

11月

用和水果十分對味的白羊羹包住繽紛的各色果實，美不勝收。

就算味道沒有改變，
也可光靠擺盤
來引人入勝。
這正是廚師的技術與才能。

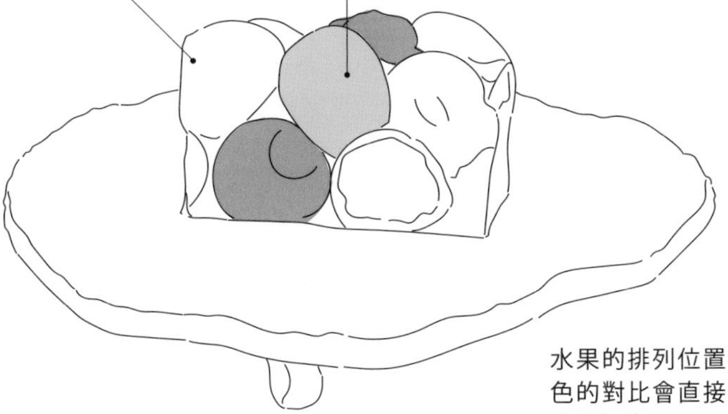
切口處可看到圓圓的水果，看起來既可愛又富趣味，十分具有新意。
斷面必須要切得俐落乾淨才能接近這個完成度。
水果的排列位置、顏色的對比會直接影響成果好壞。

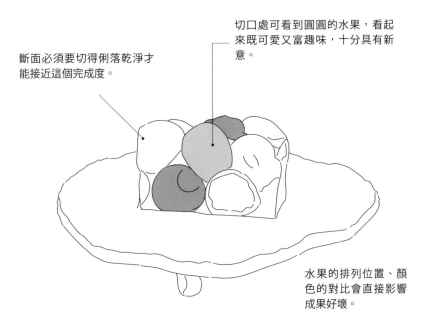

自二〇〇三年於東京銀座開設「銀座　小十」算起，今年正好將迎來第二十周年。我在此對二十年以來支持我的料理以及餐廳的所有客人致上最誠摯的謝意。一直以來，我喜歡在創作新菜色時探討一些議題，這帶給我無比的快樂。雖然這樣做會伴隨著許多風險，但我不畏風險，只一心挑戰下一個新的可能性。未來十年，我希望能夠保持這樣的態度，樂在其中地度過每一天。

時代日新月異，然而造就時代的永遠是活在時代當中的人們。如果希望日本料理持續進化和發展下去，那麼活在當下的料理人就必須一步一腳印地去建設這個時代。

因緣際會生於此時此刻，我強烈地希望能捕捉到只有此刻才能完成的東西。如果在這本書中，有任何地方能觸動心靈，並捕捉到當下的話，那麼我認爲這本書的存在就有了意義。

我的料理人生即將進入後半場，但我希望自己能爲我愛的日本料理與日本文化奉獻到最後一刻。

此外，我想感謝在繁忙的每一天中和我一起孕育出新料理的遠藤光宏、飯塚榮二、佐藤宏明以及餐廳所有的員工。也非常感謝連日一同進行編輯作業到深夜的寺田茉夕那。

最後我要感謝出版本書時提供諸多協助的寫手瀨川慧、攝影師大山裕平，以及設計師熊谷元宏。

令和五年二月

奧田透

銀座 小十

東京都中央區銀座5丁目4-8 CARIOCA大樓 4F

TEL 03-6215-9544

營業時間 午餐12:00～13:00（入店時間）

晚餐18:00～21:00（入店時間）

店休 週日、國定假日（不定時休假）

需要預約

http://www.kojyu.jp

銀座

小十

日本料理擺盤美學

從食材搭配、烹調手法、器皿挑選，解析星級餐廳 銀座小十 的料理設計

銀座 小十の盛り付けの美学：徹底図解 進化する日本料理とは何か

作者　奧田透
翻譯　周雨枏
選書編輯　吳雅芳
責任編輯　張芝瑜
美術設計　郭家振
行銷企劃　張嘉庭

發行人　何飛鵬
事業群總經理　李淑霞
社長　饒素芬
主編　葉承享

出版　城邦文化事業股份有限公司 麥浩斯出版
E-mail　cs@myhomelife.com.tw
地址　115台北市南港區昆陽街16號7樓
電話　02-2500-7578
發行　英屬蓋曼群島商家庭傳媒股份有限公司城邦分公司
地址　115台北市南港區昆陽街16號7樓
讀者服務專線　0800-020-299（09:30～12:00; 13:30～17:00）
讀者服務傳真　02-2517-0999
讀者服務信箱　Email: csc@cite.com.tw
劃撥帳號　1983-3516
劃撥戶名　英屬蓋曼群島商家庭傳媒股份有限公司城邦分公司
香港發行　城邦（香港）出版集團有限公司
地址　香港九龍九龍城土瓜灣道86號順聯工業大廈6樓A室
電話　852-2508-6231
傳真　852-2578-9337
E-mail　hkcite@biznetvigator.com

馬新發行　城邦（馬新）出版集團Cite（M）Sdn. Bhd.
地址　41, Jalan Radin Anum, Bandar Baru Sri Petaling, 57000 Kuala Lumpur, Malaysia.
電話　603-90578822
傳真　603-90576622

總經銷　聯合發行股份有限公司
電話　02-29178022
傳真　02-29156275

製版印刷　凱林印刷股份有限公司
定價　新台幣550元／港幣183元
2024年5月初版一刷・Printed In Taiwan
版權所有・翻印必究（缺頁或破損請寄回更換）
ISBN　978-626-7401-62-0

日文原書協力

料理助理　飯塚榮二（銀座 奧田）、佐藤弘明（銀座 小十）、遠藤光宏（光圓）
特別協助　寺田茉夕那（銀座 小十）、和食專門網路雜誌「WA・TO・BI」
美術指導、設計、繪圖　熊谷元宏（knvv）
攝影　大山裕平
構成、文　瀨川慧

國家圖書館出版品預行編目（CIP）資料

日本料理擺盤美學：從食材搭配、烹調手法、器皿挑選,解析星級餐廳銀座小十的料理設計/奧田透著；周雨枏譯. -- 初版. -- 臺北市：城邦文化事業股份有限公司麥浩斯出版：英屬蓋曼群島商家庭傳媒股份有限公司城邦分公司發行, 2024.05
面；　公分
譯自：銀座小十の盛り付けの美学：徹底図解進化する日本料理とは何か
ISBN 978-626-7401-62-0(平裝)

1.CST: 烹飪 2.CST: 食譜

427.1　　113005871